机械电气控制及自动化

许 洋 冯 超 著

吉林科学技术出版社

图书在版编目（CIP）数据

机械电气控制及自动化 / 许洋, 冯超著. -- 长春：
吉林科学技术出版社, 2022.12
ISBN 978-7-5744-0121-1

Ⅰ. ①机… Ⅱ. ①许… ②冯… Ⅲ. ①机械设备－电
气控制－自动控制 Ⅳ. ①TH-39

中国版本图书馆 CIP 数据核字(2022)第 246507 号

机械电气控制及自动化

著	许 洋 冯 超	
出 版 人	宛 霞	
责任编辑	杨超然	
封面设计	正思工作室	
制 版	林忠平	
幅面尺寸	185mm×260mm	
开 本	16	
字 数	310 千字	
印 张	14.25	
印 数	1–1500 册	
版 次	2023年8月第1版	
印 次	2023年10月第1次印刷	

出 版 吉林科学技术出版社
发 行 吉林科学技术出版社
地 址 长春市福祉大路5788号
邮 编 130118
发行部电话/传真 0431-81629529 81629530 81629531
81629532 81629533 81629534
储运部电话 0431-86059116
编辑部电话 0431-81629518
印 刷 廊坊市印艺阁数字科技有限公司

书 号 ISBN 978-7-5744-0121-1
定 价 75.00元

编委会

前　言

随着科学技术的发展，现代机械设备越来越向着机电一体化相结合的方向发展，各种机械设备中广泛采用电气控制组成的自动控制系统，使机械设备控制更加稳定，加工精度更高，同时大大简化了机械结构和电气线路。学习电气控制方法在机械设备中的应用是培养机械工程技术人才的必然要求。

机械电气控制及自动化是机械设计制造及其自动化专业的一门主干专业课程，它有机地实现了机械、电气控制的结合。通过学习，可以系统地培养学生机电相结合的知识和技能。具体来讲，通过学习由常用低压电器元件（如按钮、开关、接触器、控制器）组成的自动控制电路来实现如电动机的正转、反转、顺序起制动、多地点起停控制、互锁控制、生产机械设备的行程往复控制、各种机械设备的运作控制；学习使用可编程序控制器（PLC）实现生产机械的各种控制、学习 PLC 的程序编制方法、外部接线等。学习电动机的调速控制方法及电路分析。上述内容以电气控制的方法实现机械设备的自动化，对于机械类学生来讲，一方面，扩展了知识，实现了机电一体化的有机结合；另一方面，为参加工作奠定了基础，使机械类专业学生的能力更全面。

本书从电气控制技术、数字控制技术和可编程序控制器（PLC）控制技术，对现代电气自动控制技术进行了全面的阐述。书中根据实用性的要求，从传统的继电-接触器控制系统，到数字控制系统、可编程序控制器控制系统，详细地阐述了控制系统的组成及工作原理。

全书突出了"机电结合、电为机用"的特点，在内容安排上注重理论联系实际，尤其体现了各种知识在生产实际中的应用，显得全面而实用。

本书可作为高等学校机械设计及其自动化、机械电子工程、机电一体化专业的本、专科生教材，也可供从事机电一体化工作的工程技术人员参考。由于编者的水平有限，书中难免有错误和不妥之处，敬请各位读者批评指正。

目　录

第一章　机械设备电气控制概述

第一节　机械电气控制的研究目的和研究任务

生产机械一般由工作机构、传动机构、原动机以及机械电气自动控制系统等部分组成。由于一般的生产机械都是采用电动机作为原动机，因此机械电气自动控制主要研究解决与以电动机作为原动机的机械设备启动、制动、反向、调速、快速定位的电气自动控制有关的问题。其目的是使生产机械满足加工工艺过程要求，确保生产过程能正常进行。电气自动控制系统根据生产机械的生产工艺过程的要求，设计合适的自动控制功能，以获得最优的技术经济指标。因此，它是整个生产机械中的重要组成部分之一。它的性能和质量在很大程度上影响到产品的质量、产量、生产成本及工人劳动条件。

随着制造技术发展，对现代化生产机械的生产工艺不断提出了新的要求，使得生产机械的功能从简单到复杂，而操作上则要求由复杂到简单，因而对生产机械的电气自动控制系统提出了越来越高的要求。例如，在大批大量生产中使用专用机械设备以及自动化生产线，既要求自动化程度和加工效率高，又要求加工质量好，同时自动化生产线还要求统一控制和管理；轧钢车间的可逆式轧机及其辅助机械，操作频繁，要求在极短的时间内完成正转到反转的过程，即要求能迅速启动、制动和反转；对电梯和升降机之类的载运机械设备，则要求其启动和制动平稳，并能准确地停靠在预定的位置；加工中心由于工序的集中，则要求控制系统能控制机床按不同的工序，自动选择和更换刀具，自动改变机床主轴转速、进给量和刀具相对工件的运动轨迹及其他辅助功能，依次完成工件几个面上多工序的加工。要满足诸如此类机械设备的要求，除了依靠机械设备设计水平和制造质量之外，在很大程度上还取决于电气自动控制系统的完善功能和优良性能。

第二节　机械电气自动控制系统的组成和分类

就硬件而言，生产机械的电气自动控制系统可以包括电动机、控制电器、检测元件、功率半导体器件、微电子器件及微型计算机等。一个复杂机械设备的电气自动控制系统可能需要采用多层微型计算机控制多台电动机，以满足设备的加工工艺要求。按照不同的分类方式，机械电气自动控制系统有如下分类：

一、断续控制、连续控制和数字控制系统

按照控制系统处理的信号的不同，电动机自动控制方式大致可分为断续控制、连续控制和数字控制3种。在断续控制方式中，控制系统处理的信号为断续变化的开关量，如异步电动机的接触器-继电器控制系统。在连续控制方式中，控制系统处理的信号为连续变化的模拟量，如交流电动机变频调速系统和直流电动机调速系统。在数字控制方式中，控制系统处理的信号为离散的数字量，如机床的数控系统。

二、开环和闭环控制系统

按组成原理，机械电气自动控制系统可分为开环控制系统和闭环控制系统。

.1开环控制系统。这种系统输入的控制信号保持不变，但在某种扰动作用下，会使输出量偏离给定值，因此系统的抗干扰能力弱。

2.闭环控制系统。当输出量的反馈值偏离给定输入值时，由于系统输出量信息反馈到系统输入端，使得作用到调节器的输入量发生变化，调节器根据这一信息产生控制信号，作用到变流器，确保系统输出量变化具有预期的特性。

第三节　机械电气自动控制技术的发展

一、电力拖动技术的发展

电力拖动经历了成组拖动、单电机拖动和多电机拖动3个阶段。成组拖动是一台电动机拖动一个天轴，再由天轴通过带传动分别拖动多台生产机械；单电机拖动是一台电动机拖动一台生产机械；多电机拖动是一台生产机械的每个运动部件分别由一台专门的电动机拖动。现代化的生产机械基本上均采用这种拖动形式。

早期的电动机的输出为旋转运动，当电机拖动工作机构做直线往复运动时，必须通过一套传动机构将电动机的旋转运动转换为工作机构的直线往复运动。为了提高传动效率和速度，20世纪80年代发展了直线电动机，实现了直线往复运动的直接电力拖动。对于旋转运动机构的电力拖动，近年又推出了运动机构和电动机融为一体的电主轴直接拖动方式，这种拖动方式的运动机构的转速可高达60 000 r/min。

在电动机无级调速方面，20世纪30年代出现了直流发电机-直流电动机的直流调速系统。20世纪60年代以后，随着电力电子元件的出现及其应用技术的发展，出现了采用大功率晶体管、晶闸管和大功率整流技术的直流调速系统，取代了直流发电机-直流电动机的直流调速系统。20世纪80年代开始，发展了大功率半导体变流技术，使交流电动机调速技术取得突破性进展，以交流异步电动机为对象和以交流变频调速器为控制器的交流调速系统目前已经得到广泛的应用。由于脉宽调制技术和矢量控制技术的发展及其在交流调速系统中的应用，交流调速系统的性能已与直流调速系统相媲美，并有取代直流调速系统的趋势。

二、逻辑控制技术的发展

最早机械电气控制系统出现在20世纪20年代，最初采用按钮和开关进行手动控制，后来出现了接触器和继电器及其控制系统，实现了对控制对象的启动、停止、有级调速及自动工作循环控制。这种控制装置结构简单、直观易懂、维护方便、价格低廉，因此在机械设备控制上得到广泛的应用，而且一直应用至今。其缺点是，控制系统难以改变控制程序，采用机械触点实现开关控制，触点容易出现松动和电磨损，若控制系统稍微复杂一些，则可靠性较低。

20世纪60年代中期，随着成组技术的出现，要求在同一台自动机床加工工艺相似而结构不同的零件，生产工艺及流程经常变化，接触器-继电器控制系统已经不能满足这种需要，于是出现了以逻辑门电路和继电器组成的顺序控制器。这种控制器利用二极管矩阵或二极管矩阵插销板编制程序，可方便地改变程序，同时这种控制系统克服了接触器-继电器控制系统寿命短、工作频率低、功能简单、可靠性差等缺点，是常用的顺序控制系统之一。

随着计算机技术和自动控制技术的飞速发展，20世纪60年代末，出现了具有运算功能和功率输出能力的可编程逻辑控制器（PLC）。它是由大规模集成电路、电子开关、功率输出器件等组成的专用微型电子计算机，具有逻辑控制、定时、计数、算术运算、编程及存储功能，程序编制和修改容易，输入输出接线简单，通用灵活，抗干扰能力强，适用于工业环境，工作可靠性高，以及体积小等一系列优点。到20世纪80年代中期，PLC已广泛地应用到各行各业的机械设备的自动控制上，成为工业自动化领域的主流控制器。目前，PLC总的发展趋势是高集成度、小体积、大容量、高速度、易使用、高性能。

三、数字控制技术的发展

美国的帕森斯与麻省理工学院合作研制出了世界上第一台三坐标直线插补数控机床，并获得专利。美国本迪克斯公司在帕森斯专利基础上生产出了第一台工业用的数控机床。此时的数控机床的数控系统采用的电子管，其体积大、功耗高。到了20世纪60年代，晶体管技术应用于数控系统中，提高了数控系统的可靠性，而且价格降低，这一时期，点位控制的数控机床得到了很大的发展。到了70年代中期，随着微电子技术的发展，微处理机得以出现。美、日、德等国都迅速推出了以微处理器为核心的数控系统，数控系统的功能也从硬件数控进入了软件数控的新阶段，这种数控系统成为计算机数控系统（CNC）。80年代以来，随着工业机器人的诞生，出现了数控机床、工业机器人、自动搬运车等，组成统一由中心计算机控制的机械加工自动线——柔性制造系统（FMS）。为了实现制造过程的高效率、高柔性和高质量，计算机集成生产系统（CIMS）成为数控技术发展的方向之一。

伺服驱动系统是数字控制系统的重要组成部分。它是以机床移动部件的位置和速度为控制量的自动控制系统，又称位置随动系统、驱动系统、伺服机构或伺服单元。伺服系统的性能在很大程度上决定了设备的性能，如数控设备的最高移动速度、跟踪精度、定位精度等重要指标均取决于伺服驱动系统的动态和静态特性。

伺服驱动系统按调节理论，可分为开环和闭环。开环伺服驱动系统的驱动元件是步进电动机，即步进电动机控制系统，其结构简单，易于控制，但是精度差，低速不平稳，高速扭矩小。它主要用于轻载、负载变化不大或经济型数控机床上。目前，高精度、硬特性的步进电动机及其驱动装置正在迅速发展中。闭环伺服驱动系统可分为直流和交流伺服系统。直流伺服驱动系统在二十世纪七八十年代的设备中占据主导地位。20世纪80年代以后，由于交流伺服电动机的材料结构、控制理论和方法均有突破性发展，促使交流伺服驱动系统发展迅速，大有逐步取代直流伺服驱动系统的趋势。

第二章 机械加工质量与控制

第一节 机械加工精度的含义

一、加工精度与加工误差

机械加工精度是指零件加工后的实际几何参数（尺寸、形状和表面间的相互位置）与理想几何参数的接近程度。实际加工不可能把零件做得与理想零件完全一致，总会存在不同程度的偏差。加工误差就是指加工后零件的实际几何参数与理想几何参数的偏差。实际值越接近理想值，加工误差就越小，加工精度就越高。保证和提高零件加工精度实际上就是限制和减小加工误差。

一般情况下，零件的加工精度越高则加工成本就相对越高，生产效率相对越低。从保证产品的使用性能和降低生产成本考虑，没有必要而且实际上也没有可能把每个零件都加工得绝对精确，可以允许存在一定的加工误差。设计人员应根据零件的使用要求，合理地规定零件所允许的加工误差，即公差。工艺人员则应根据设计要求、生产条件等采取适当的工艺方法，以保证加工误差不超过允许的范围，即保证加工误差限制在公差带范围之内，并在此前提下尽量提高生产效率和降低生产成本。

零件的加工精度包括：尺寸精度、形状精度和位置精度。通常形状公差限制在位置公差之内，而位置公差一般限制在尺寸公差之内。当尺寸精度要求高时，相应的位置精度、形状精度要求也高。但当形状精度或位置精度要求高时，相应的尺寸精度要求不一定高，这需根据零件的具体功能要求来确定。

二、机械加工精度的获得方法

（一）获得尺寸精度的方法

1.试切法

试切法是指通过试切、测量、调整、再试切，反复进行，直至被加工尺寸达到要求为止的加工方法。该方法效率较低，对操作者的技术水平要求高，主要适用于单件、小批生产。

2.调整法

该方法是指按零件规定的尺寸预先调整好刀具和工件在机床上的相对位置，并在一批工件的加工过程中保持该位置不变，以保证被加工尺寸的方法。调整法广泛应用于各类半自动、自动机床和自动线上，适用于成批、大量生产。

3.定尺寸刀具法

该方法是指以相应尺寸的刀具或组合刀具来保证被加工表面尺寸的方法。该方法生产率高，尺寸精度较稳定，与操作者技术水平关系较小，适用于成批、大量生产。

4.自动控制法

该方法是将测量装置、进给装置和控制系统等组成一个自动控制的加工系统。该加工系统能根据被加工零件的测量信息对刀具的运动进行控制，自动补偿刀具磨损等因素造成的加工误差，从而自动获得所要求的尺寸精度。自动控制法实际上就是自动化了的试切法。

（二）获得形状精度的方法

1.轨迹法

该方法是依靠刀尖与工件的相对运动轨迹来获得加工表面的几何形状。刀尖的运动轨迹精度取决于机床上刀具和工件的相对运动精度。

2.仿形法

该方法是利用仿形装置来控制刀具进给的一种加工方法。在仿形车床上利用靠模和仿形刀架加工回转体曲面和阶梯轴，其形状精度主要取决于靠模的精度。

3.成形刀具法

该方法是利用成形刀具替代通用刀具对工件进行加工。刀具切削刃的形状和加工表面所需获得的几何形状相一致，其加工精度主要取决于刀刃的形状精度。

4.展成法

该方法是利用工件和刀具之间做展成切削运动进行加工的一种方法。滚齿加工多采用此法。其加工精度主要取决于展成切削运动的精度和刀具的制造精度。

（三）获得位置精度的方法

1.一次装夹获得法

零件有关表面间的位置精度是直接在工件的同一次装夹中，由各有关刀具相对工件的成形运动之间的位置关系来保证。工件的位置精度主要由机床精度来保证。

2.多次装夹获得法

工件的位置精度主要由找正定位精度、夹具制造安装精度和工件的安装精度来保证。

三、机械加工经济精度

各种加工方法所能达到的加工精度和表面粗糙度都有一定的范围。同一种加工方法，如果机床维护保养得好，工人技术水平高，精心操作，加工精度就会提高，表面粗糙度值就会减小。统计表明，任何一种加工方法，加工误差与加工成本之间的关系大体符合图2-1所示的曲线形状。图2-1中横坐标Δ表示加工误差，纵坐标C表示加工成本。由图2-1可见，对于一种加工方法而言，当加工误差小到一定程度后（曲线点A左侧），若再减小，则加工成本急剧增加；当加工误差大到一定程度后（曲线点B右侧），即使加工误差再增大许多，加工成本却降低很少。说明一种加工方法在曲线点A左侧或点B右侧都是不经济的。

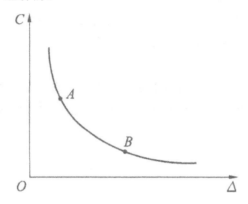

图 2-1 加工误差与加工成本的关系

图2-1所示曲线的AB段，表示选用的加工方法与要求的加工精度相适应，这一段曲线所对应的精度范围称为加工经济精度。实际上，所谓机械加工经济精度就是指在正常加工条件下（采用符合质量标准的设备和工艺装备，使用标准技术等级工人，不延长加工时间），一种加工方法所能保证的加工精度和表面粗糙度。应该指出，随着机械制造技术的不断发展，机械加工经济精度会不断提高。

第二节　机械加工精度的因素

一、工艺系统的几何误差

（一）机床的几何误差

机床的几何误差是决定工艺系统误差的主要因素。它主要来自机床的制造、安装和磨损这三个方面，其中尤以机床本身制造误差的影响为最大。机床的几何误差包括主轴回转误差、导轨误差和传动链误差。

1.主轴回转误差

实际加工中，由于主轴制造误差、受力受热变形及磨损的存在，使主轴回转轴线的空间位置，在每一瞬间都在变动，即存在着回转误差。主轴回转误差可分为：①径向跳动误差（径向飘移），它是主轴实际回转中心线相对于理想中心线在横切面上的平移变动范围；②轴向窜动误差（轴向飘移），它是主轴实际回转中心线沿理想中心线方向的变动量；③角度摆动误差（角度飘移），它是主轴实际回转中心线与理想中心线的角度偏移量。

不同形式的主轴回转误差对加工精度的影响不同，同一形式的主轴回转误差在不同的加工方式中对加工精度的影响也不一样。主轴径向跳动误差会引起工件的圆度和圆柱度误差，但对工件端面的加工无直接影响。在车床上轴向窜动误差对孔和外圆加工无直接的影响，但在加工端面和螺纹时却有明显影响，车出的端面会出现凹凸不平，车削螺纹螺距会产生周期误差。在车外圆和锥孔时，角度摆动误差会引起工件的圆柱度误差。实际上，主轴工作时其回转轴线的运动是上述三种运动的合成，在轴线某一横截面上表现出径向跳动、轴线摆动和轴向窜动。因而会影响所加工工件圆柱面和端面的形状精度。

主轴几何误差主要与主轴部件的制造精度有关，它包含轴承误差、轴承间隙、与轴承相配合零件的误差等。同时还和切削过程中主轴受力、受热变形有关。

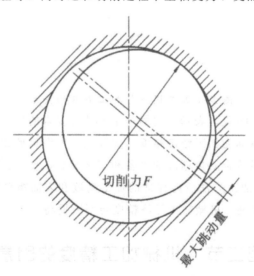

图 2-2 静压轴承时，主轴轴颈圆度误差产生的径向跳动

当机床主轴采用滑动轴承支承结构时，如图 2-2 所示，对于工件回转类机床（如车床），主轴的受力方向基本稳定，主轴轴颈被压向轴承表面的某一位置，因此，主轴轴颈的圆度误差将直接传给工件，从而造成工件的圆度误差。而轴承孔本身的误差对加工精度的影响较小。对于刀具回转类机床（如镗床），主轴所受切削力的方向是随着镗刀的旋转而变化。因此，机床箱体的轴承孔的圆度误差将传给工件，而主轴轴颈的误差对加工精度的影响较小。

主轴轴承间隙对回转精度也有影响，如轴承间隙过大，会使主轴工作时油膜厚度增大，刚度降低。为了提高主轴的回转精度，在滑动轴承结构中可以采用静压轴承和动压轴承。

当主轴采用滚动轴承支承时，其影响因素就更多。主轴的回转精度不仅取决于滚动轴承的精度，还和轴承的配合件有很大关系。由于轴承的内外座圈很薄，因此与之相配合的轴颈或箱体轴承孔的圆度误差，会使轴承的内座圈或外座圈发生变形而引起主轴回转误差。为了提高主轴的回转精度，可以选用高精度的滚动轴承及提高主轴轴颈和与主轴相配合有关零件的制造精度，或者采取措施使主轴的回转精度不反映到工件上。

2.导轨误差

机床成形运动中的直线运动精度主要取决于导轨精度，它的各项误差将直接影响被加工工件的精度。导轨误差主要包括：导轨在水平面内直线度误差、导轨在垂直平面内直线度误差和两导轨间的平行度误差。

（1）导轨在水平面内直线度误差

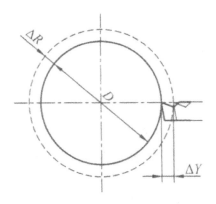

图 2-3　导轨水平面内的直线度误差

如图 2-3 所示，使刀尖在水平面内产生位移 ΔY，造成工件在直径方向上的误差为 $\Delta D = 2\Delta Y$。

（2）导轨在垂直平面内直线度误差

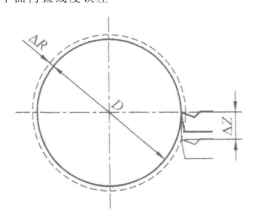

图 2-4　导轨垂直平面内的直线度误差

如图 2-4 所示，使刀尖产生 ΔZ 的位移，造成工件在直径方向上产生的误差为

$\Delta D \approx \dfrac{\Delta Z^2}{D}$。由于 ΔZ 在误差的非敏感方向上,所以对加工精度的影响很小,可以忽略不计。

（3）两导轨间的平行度误差

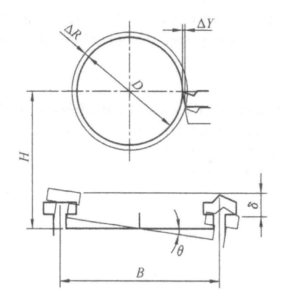

图 2-5 两导轨间平行度误差

如图 2-5 所示,车床中心高为 H,导轨宽度为 B,若在两不同截面间前、后导轨高度差为 δ,使床鞍在此间移动时偏斜造成其上的刀具在水平面发生的位移为 ΔY,则工件的直径误差由图示关系可知 $\Delta D = \dfrac{2\delta H}{B}$。一般车床 $\dfrac{H}{B} = \dfrac{2}{3}$,外圆磨床 $H \approx B$,因此导轨扭曲量引起的加工误差不可忽略。该误差会使工件产生圆柱度误差。

机床导轨的几何误差,除取决于机床的制造精度以外,还与机床的安装、调整及使用过程中的磨损状况有很大关系。尤其是对于大、重型机床因导轨刚性较差,床身在自重作用下易产生变形,因此,为减少导轨误差对加工精度的影响,除了提高导轨制造精度以外,还应注意减少机床安装和调整的误差,并应提高导轨的耐磨性。

（二）传动误差

对车削螺纹,滚齿、插齿、磨齿等加工来说,为保证获得要求的成形表面,要求刀具与工件间有严格精确的速度关系。如车削螺纹时,要求刀具的直线进给速度和工件的转动速度之间应保持一定的速比关系。又如用单头滚刀滚切齿轮时,要求滚刀转一转工件必须转过一个齿,这种正确的成形运动关系是由传动副组成的传动链来保证的。如果传动链中的传动副,由于加工、装配和使用过程中磨损而产生误差,这些误差将传给工件,造成加工误差,这样的误差称为传动误差。

为了减小机床传动误差对加工精度的影响,采取的措施有:①采用降速传动链传动,特别是尽可能使末端传动副采用大的降速比;②减少传动链中的元件数目,缩短传动链；③提高传动元件，特别是末端传动元件的制造精度和装配精度；④采用误差校正机构或自动补偿系统。在传动链中增加一个机构，使其产生一个与原传动链产生的传动误差大小相等、方向相反的误差，以此来抵消传动链本身的误差。当然对传动链误差的准确测量，是采用这一措施的关键。

（三）刀具几何误差

刀具的尺寸、几何形状和相互位置误差会使零件产生加工误差。刀具误差对加工精度的影响随刀具种类的不同而异。当采用定尺寸刀具（如钻头、铰刀、键槽铣刀、拉刀等）加工时，刀具的制造误差和磨损会带来加工误差。刀具的尺寸精度将直接影响工件的加工精度。采用成形刀具（如成形铣刀、车刀、成形砂轮等）加工，刀刃的几何形状和有关尺寸存在制造误差及刀具的安装误差，都会造成加工表面的形状或尺寸误差。在应用展成法加工时，刀刃的形状和尺寸误差，同样会产生加工误差。另外刀具安装调整不正确，也会产生加工表面的几何形状误差。

在切削过程中，任何刀具都不可避免地要产生磨损，并由此产生工件尺寸和形状的改变。对一般车刀、单刃锂刀、铣刀等在加工过程中的磨损，则影响零件的形状精度或使一批零件的尺寸分散范围增大。

刀具的尺寸磨损量 ab 是在被加工表面的法线方向上测量的。刀具磨损量 ab 随切削路程的增加而增加，其关系如图2-6所示。在切削初始的一段时间内刀具磨损较激烈；进入正常磨损期，磨损平缓；进入急剧磨损期，磨损急剧增加，这时应停止切削。

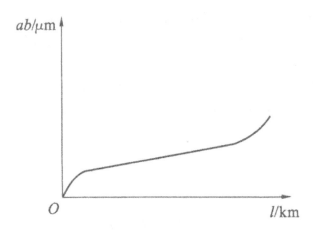

图2-6 刀具的尺寸磨损量 ab 与切削路程间关系

二、定位误差

定位误差是由于工件在夹具上定位不准确而引起的加工误差。定位误差来源于两个方面：①由于工件的定位基准与工序基准不重合而引起的定位误差，称为基准不重合误差；②由于工件定位基准面或夹具上相应的定位元件不准确而引起的定位误差，称为基准位移误差。

在采用调整法加工时，工件的定位误差实质上就是一批工件在夹具上定位时，工序基准在工序尺寸方向上的最大变动量。因此，计算定位误差的一般方法就是首先找出工序基准，然后求其在工序尺寸方向上的最大变动量，即可得到定位误差。

三、工艺系统受力变形引起的误差

（一）工艺系统刚度

加工过程中，机床、夹具、工件和刀具所组成的工艺系统在切削力、夹紧力、传动力、重力、惯性力等外力作用下会产生变形而破坏已调整好的刀具和工件间的相对位置。同时工艺系统各环节相互连接处，由于存在间隙等原因还会产生相对位移。这两部分位移总称为工艺系统变形。工艺系统变形必然会破坏刀具切削刃与工件表面间已调整好的相对位置，使工件产生加工误差。

在切削加工中对加工精度影响最大的是刀刃沿加工表面法线方向（Y 方向上）的变形，因此计算工艺系统刚度就仅考虑此方向上的切削分力 F_y 和变形位移量 y。工艺系统的刚度以法向切削力和在法向切削力方向上（误差敏感方向）所引起的刀具和工件间相对变形位移的比值表示，即

$$J_{yt} = \frac{F_y}{y} \tag{2-1}$$

式中：F_y——法向切削力；

y——在 F_x、F_y、F_z 综合作用下刀具相对于工件的法向位移。

y 不只是由法向切削分力 F_y 所引起，垂直切削分力 F_z 与纵向切削分力 F_x 也会不同程度使工艺系统在 y 方向上产生位移，因此 y 方向上的位移是三个方向上分力共同作用的结果。

一般把夹具作为机床的附加装置，其变形就认为是机床变形的组成部分，因此，工艺系统受力变形的总变形位移 y_{xt} 是各组成部分变形位移的叠加 $y_{xt}=y_j+y_d+y_g$，根据工艺系统刚度定义为

$$y_j = \frac{F_y}{k_j} \tag{2-2}$$

所以

$$k_{xt} = \frac{1}{1/k_j + 1/k_d + 1/k_g} \tag{2-3}$$

式中以 y_{xt}、k_{xt}——分别为工艺系统的变形位移、刚度；

y_j、k_j——分别为机床的变形位移、刚度；

y_d、k_d——分别为刀具的变形位移、刚度；

y_g、k_g——分别为工件的变形位移、刚度。

（二）工艺系统刚度对加工精度的影响

工艺系统的刚度是动态变化的，除受到其各组成部分的刚度影响外，还会随着切

削过程受力点位置的变化而变化。现以车床两顶尖间加工光轴为例进行分析，如图2-7所示，工艺系统受力变形对加工精度的影响，存在下列几种情况：

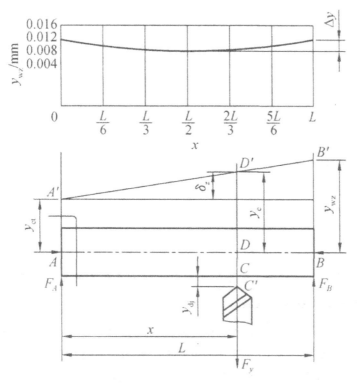

图2-7 短粗轴工艺系统的变形随施力点位置的变化情况

1.机床刚度对加工精度的影响

若加工刚度较高的工件，如短粗轴类工件，假定机床床身、工件及刀具的受力变形位移可忽略不计，则机床总变形位移量将是机床的床头箱、尾架及刀架等部件变形位移量的综合反映。当刀尖切至工件如图2-7所示的位置时，在切削力作用下，头座由 A 移至 A'，尾座由 B 移至 B'，刀架由 C 移至 C'，它们的位移分别为 y_{ct}、y_{wz}、y_{dj}。此时，工件的轴线由原来 AB 位置移至 $A'B'$，则在切削点处的位移 y_x 为 $y_x = y_{ct} + \delta_x$。

2.工件刚度对加工精度的影响

若加工刚度较低的工件，如细而长轴类工件，此时机床、刀具的受力变形相对可忽略不计，则工艺系统的变形位移完全取决于工件的变形（见图2-8）。在切削力作用下，工件的变形可按材料力学有关公式计算，即

$$y_{gj} = \frac{F_y}{3EI} \cdot \frac{(L-x)^2 x^2}{L}$$

$$J_{gj} = \frac{F_y}{y_{gj}} = \frac{3EIL}{(L-x)^2 \cdot x^2} \tag{2-4}$$

式中：E——工件材料的弹性模量，N／mm²；

I——工件截面惯性矩，mn²。

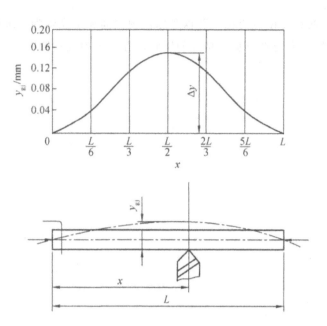

图 2-8 细长轴工艺系统的变形随施力点位置的变化情况

（三）切削力变化引起的误差

切削过程中，由于毛坯加工余量和材料硬度的变化，引起切削力的变化，工艺系统受力变形也相应地发生变化，即刀具相对于工件的位置也发生变化，因而产生工件的尺寸误差和形状误差。图 2-9 所示为工件毛坯 A 为椭圆形，车削前将车刀调整至图中虚线圆位置。车削时刀尖受切削力影响移至实线位置，工件每转一转过程中，切深不断发生变化。切深大的地方切削力大，背吃刀量为 a_{p1}，由此产生的受力变形也大；切深小的地方切削力也小，此时背吃刀量为 a_{p2}，受力变形也就小；所以工件 B 仍有椭圆形误差，这种经加工后零件存在的加工误差和加工前的毛坯误差相对应，其几何形状误差与上工序相似，这种现象称为误差复映规律。

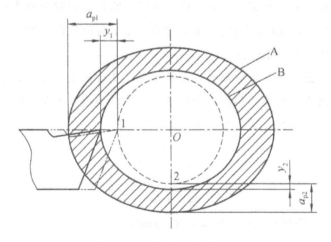

图 2-9 车削时的误差复映

（四）机床刚度的测定

机床是由许多零部件组成的，其受力变形比单个弹性体的零件变形要复杂得多，用分析计算法确定其刚度对加工精度的影响困难很大。因此，目前一般是采用实验方法加以测定的，具体有静态测定法和工作状态测定法（生产法）等。

（五）影响机床部件刚度的因素

1.连接表面的接触变形

加工后的零件表面与理想的表面总是存在着宏观的几何形状误差和微观的粗糙度，所以装配后零件之间连接表面的实际接触面是很小一部分，而真正处在接触状态的只是个别凸峰，这些接触点在外力作用下产生了较大的接触应力，导致在表面层产生了较大的接触变形，从而降低了部件的接触刚度。

2.摩擦力的影响

机床部件在经过多次加载和卸载后，卸载曲线回到加载曲线的起点，残留变形不再发生，但此时加载曲线与卸载曲线仍不重合，如图2-10所示。其原因是机床部件受力变形过程中的摩擦力作用，加载时摩擦力阻止变形的增加，卸载时摩擦力阻止变形的减小。

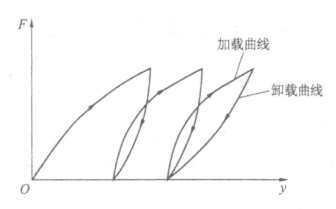

图2-10 摩擦力对机床部件刚度的影响

3.薄弱零件本身的变形

在机床部件中有一些刚度比较低的薄弱零件，在受力后变形较大，从而极大地降低了机床部件的刚度。

4.间隙的影响

主要是在加工中载荷方向不断变化，因间隙引起位移使刀具和工件表面间的正确位置发生变化。

（六）减少工艺系统受力变形的途径

1.提高工艺系统刚度

具体措施有：

（1）选用合理的零部件结构和断面形状

对于一些支承零件，如机床床身、立柱、横梁和夹具体等构件，它们的静刚度对整个工艺系统刚度影响较大，为提高其刚度除适当增加其截面积外，必须改进构件结构和断面形状，尽可能减轻重量，采用空心截面，封闭截面，加大空心截面轮廓尺寸，减小壁厚。此外，在部件的适当部位增添加强筋和隔板，也能取得较好效果。

（2）提高连接表面的接触刚度

提高接触刚度是提高工艺系统刚度的关键。为此，提高机床导轨的刮研质量，提高顶尖锥体和主轴及尾座套筒锥孔的接触质量，多次修研中心孔等都是生产中提高接触刚度的常用措施。此外，采用预紧措施，使机床或夹具上的有关零件在装配时产生预紧力，以此消除配合面间的间隙，增加实际接触面积，提高接触刚度。

（3）设置辅助支承

在普通车床上车细长轴时，采用中心架或跟刀架可显著提高工件的刚度。

2.减少切削力及其变化

合理地选择刀具材料，增大前角和主偏角，对工件进行合理的热处理及改善工件材料的加工性能等，都可使切削力减小。相对增加工艺系统刚度，减小工艺系统的受力变形。

第三节　机械加工表面质量

一、机械加工表面质量概念

机械加工表面质量包括表面粗糙度、波度和表面层材料物理机械性能。表面质量对机械零件的可靠性、寿命等都有显著的影响。机器零件的使用性能如耐磨性、疲劳强度、耐腐蚀性等除了与材料本身的性质和热处理有关外，主要决定于加工后的表面质量。表面质量包括的主要内容是：

（一）表面的几何形状特征

主要包括：①表面粗糙度，已加工表面的微观几何形状误差；②波度，介于宏观几何形状误差和表面粗糙度（微观几何误差）之间的周期性几何形状误差。

（二）表面层的物理及机械性能

主要包括：表面层因塑性变形引起的加工硬化、表面层的金相组织变化、表面层的残余应力等。

近年来人们对机械加工表面质量问题进行了较深入的研究。提出了表面完整性的概念，这个概念涉及表面形貌，如表面粗糙度及波度；表面缺陷，如宏观缺陷、表面裂纹等；表面层的微观组织及化学特性，如表面层的金相组织、化学性质、微裂纹等；表面层的物理机械性能；表面层的其他工程技术特性，如对光的反射、表面带电性质等。

二、表面质量对零件使用性能的影响

（一）表面质量对零件耐磨性能的影响

1.表面粗糙度对耐磨性的影响

零件的磨损，一般分为初期磨损、正常磨损和急剧磨损三个阶段。在初期磨损阶段，当两个零件表面互相接触时，实际上只是一些凸峰顶部相接触，表面愈粗糙，实际接触面积就越小，单位面积上的压力就越大。当两个零件发生相对运动时，在接触的凸峰处就产生了弹性变形、塑性变形及剪切等，造成零件表面的磨损。即使在有润滑的条件下，也因接触压力过大，超过了润滑油膜承受的压力临界值，油膜被破坏，形成半干摩擦，甚至出现干摩擦。如图2-11所示是零件的磨损曲线，在初期磨损阶段，磨损很快，随着磨损的发展，接触面积逐渐加大、单位面积压力逐渐降低，磨损变慢，进入正常磨损阶段（n），通过此阶段后将进入急剧磨损阶段（m），零件表面将产生急剧磨损。

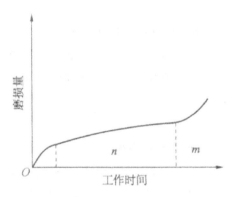

图 2-11 磨损过程的基本规律

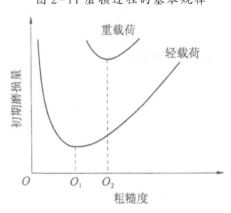

图 2-12 磨损量与粗糙度

由试验得知（见图2-12），在一定条件下，表面粗糙度对耐磨性有一个最佳的数值，即过大或过小的粗糙度都会引起零件的严重磨损。粗糙度过小引起严重磨损的原因是由于润

2.表面冷作硬化对耐磨性的影响

经过加工的零件表面会产生一定的冷作硬化，加工表面的冷作硬化，使摩擦副表面层金属的显微硬度提高，故一般可使耐磨性提高。但过分的冷作硬化将引起金属组织过度疏松甚至出现裂纹和表层金属的剥落，使耐磨性下降。

如果表面层的金相组织发生变化，其表层硬度相应地也随之发生变化，影响耐磨性。

（二）表面质量对疲劳强度的影响

1.表面粗糙度对疲劳强度的影响

在交变载荷作用下，零件的破坏常常是因表面产生疲劳裂纹所致。表面疲劳裂纹与应力集中有关，零件表面的粗糙度、划痕和裂纹等缺陷容易引起应力集中，产生裂纹，造成疲劳破坏。另外，加工纹路方向对疲劳强度影响更大，刀痕与受力方向垂直，疲劳强度将显著降低；不同材料对应力集中的敏感程度不同，如铸铁对应力集中不敏感，即粗糙度对疲劳强度的影响就不大。一般情况下，钢的强度极限越高，对应力集中就越敏感。

2.表面层的残余应力、冷作硬化对疲劳强度影响

零件表面层为残余压应力，能够部分抵消工作载荷施加的拉应力，从而提高零件的疲劳强度；而残余拉应力使疲劳裂纹扩展，加速疲劳破坏，从而降低零件的疲劳强度。表面冷作硬化一般伴有残余压应力的产生，可以防止裂纹产生和阻止已有裂纹扩展，对提高疲劳强度有利。

（三）表面质量对零件耐腐蚀性能的影响

金属表面逐渐被氧化或溶解而遭破坏的现象称为腐蚀，它是由化学、电化学过程而引起的。当零件表面凸凹不平时，则在凹谷底部，易储存腐蚀介质，底部角度愈小，深度愈大，则介质对零件表面的腐蚀作用愈强烈。因此，减小加工表面的粗糙度，可以改善零件的抗腐蚀能力。

（四）表面质量对零件配合性质的影响

表面粗糙度会改变实际有效过盈量和间隙量，因此表面质量好坏直接影响零件配合性质的稳定性。对过盈配合表面装配时，若表面粗糙度过大，配合表面凸峰被挤平，使过盈量减小，降低了配合的结合强度；间隙配合零件的表面粗糙度过大，初期磨损就会增大，工作一段时间，配合间隙就会加大，从而改变了原来的配合性质。所以，对配合精度要求较高的连接，零件表面的粗糙度必须有相应的要求。根据有关试验得知，加工精度与表面粗糙度的关系为

$$Rz = (0.1 \sim 0.25)T \qquad (2-5)$$

（五）表面质量对零件接触刚度的影响

由于零件表面实际接触面积仅占理论接触面积较小的一部分，受外力作用时，接触表面极易产生弹塑性变形，从而导致零件接触刚度的降低。

三、加工表面粗糙度的影响因素

（一）切削加工影响表面粗糙度的因素

1.刀具切削刃几何形状的影响

影响粗糙度的几何因素是刀具进给运动在工件加工表面上的残留切削面积，如图 2-13 所示。残留切削面积的高度 H 就成为表面粗糙度。

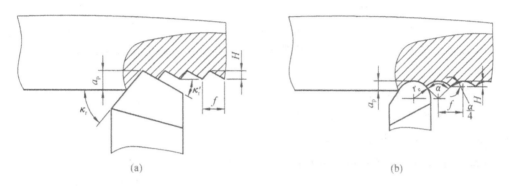

图 2-13 切削后残留面积

如图 2-13a 所示，当刀尖圆弧半径 $r_e = 0$ 时，得其波峰的高度 H 为

$$H = \frac{f}{\cot\kappa_r + \cot\kappa_r}$$ （2-6）

式中：f——进给量，mm / r；

κ_r——主偏角，（°）；

κ_r'——副偏角，（°）。

如图 2-13b 所示，当刀尖圆弧半径 $r_e \neq 0$ 时，得其波峰的高度 H 为

$$H \approx \frac{f^2}{8r_e}$$ （2-7）

减少残留面积的波峰高度 H，可以通过减小进给量和刀具的主偏角和副偏角及增大刀尖圆弧半径来实现。另外，提高刀具切削刃的刃磨质量也是降低粗糙度的措施之一。

2.工件材料的影响

切削塑性材料时，刀具前刀面对切屑挤压严重，产生晶格扭曲，滑移和塑性变形，强迫切屑与工件分离时产生撕裂作用，加大了表面粗糙度。一般说来，韧性较大的塑性材料，加工后表面粗糙度也大，对于同样的材料，晶粒组织愈粗大，加工后的粗糙度亦大。为了减小加工后的粗糙度，常在切削加工前进行正火或调质处理等，以得到均匀细密的晶粒组织和较高的硬度。

3.切削用量的影响

（1）切削速度 v 的影响

切削速度高，切削过程中的切屑和加工表面的塑性变形小，加工表面的粗糙度也

小。在较低的切削速度（10 m／min）时，有可能产生积屑瘤和鳞刺，它不仅与切削速度有关，而且与工件材料、金相组织、冷却润滑及刀具状况等有直接关系。

（2）进给量 f 的影响

减小进给量可减小粗糙度，另外减小进给量还可以减小塑性变形，也可减小粗糙度。但当进给量过小，则增加刀具与工件表面的挤压次数，使塑性变形增大，反而增大了粗糙度。

（3）切削深度 a_p 的影响

正常切削时 a_p 对粗糙度影响不大，但在精密加工中却对粗糙度有影响，过小的 a_p 将使刀刃圆弧对工件加工表面产生强烈的挤压和摩擦，引起工件的塑性变形，增大了粗糙度。

4.工艺系统的高频振动

当工艺系统产生高频振动时使刀尖相对于工件之间的正确加工位置发生变化，产生微幅振动，从而使粗糙度值加大。

（二）磨削加工影响表面粗糙度的因素

磨削砂轮是由众多形状不一的磨粒所组成。如单从几何因素来考虑，可以认为通过单位面积加工表面的磨粒数愈多，每个磨粒切下的切削厚度就愈小，也即划痕愈小，因此砂轮速度 v 愈高、工件速度 v_w 愈低、纵向进给量 f 愈小，则粗糙度愈小；磨粒的粒度愈小及修正砂轮的微刃越多，粗糙度也愈小；另外，砂轮及工件的直径愈大，粗糙度也愈小等。

但事实上，在磨削表面的形成过程中，不仅有几何因素的影响，而且还有塑性变形方面对粗糙度的影响。影响磨削表面粗糙度的主要因素有：

1.砂轮的粒度

砂轮的粒度号数愈大，磨粒愈细，在工件表面上留下的刻痕就愈多愈细，表面粗糙度值就愈小。但磨粒过细，砂轮容易堵塞，反而会增大工件表面的粗糙度值。

2.砂轮的硬度

砂轮太硬，钝化了的磨粒不能及时脱落，工件表面受到强烈的摩擦和挤压作用，塑性变形加剧，使工件表面粗糙度值增大。砂轮太软，砂粒脱落过快，磨料不能充分发挥切削作用，且刚修整好的砂轮表面会因砂粒脱落而过早被破坏，工件表面粗糙度值也会增大。

3.砂轮的修整

修整砂轮的金刚石工具愈锋利，修整导程愈小，修整深度愈小，则修出的磨粒微刃愈细愈多，刃口等高性愈好，因而磨出的工件表面粗糙度值也愈小。

4.磨削速度

提高磨削速度，单位时间内划过磨削区的磨粒数多，工件单位面积上的刻痕数也多；同时还有减小被磨表面金属塑性变形的作用，刻痕两侧的金属隆起小，因而工件表面粗糙度值小。

5.磨削径向进给量与光磨次数

增大磨削径向进给量，塑性变形随之增大，被磨表面粗糙度值也增大。

磨削将结束时不再做径向进给，仅利用工艺系统的弹性恢复进行的磨削，称为光磨。增多光磨次数，可显著降低磨削表面粗糙度值。

6.工件圆周进给速度与轴向进给量

工件圆周进给速度和轴向进给量小，单位切削面积上通过的磨粒数就多，单颗磨粒的磨削厚度就小，塑性变形也小，因此工件的表面粗糙度值也小。但工件圆周进给速度若过小，砂轮与工件的接触时间长，传到工件上的热量就多，有可能出现磨削烧伤。

7.冷却润滑液

冷却润滑液可及时冲掉碎落的磨粒，减轻砂轮与工件的摩擦，降低磨削区的温度，减小塑性变形，并能防止磨削烧伤，减小表面粗糙度。

四、表面层物理机械性能的变化及影响因素

在切削过程中，由于受到切削力、切削热的作用，工件表面层发生很大的变化，主要表现为表面层的冷作硬化、金相组织变化、表面层的残余应力。

（一）加工表面的冷作硬化

机械加工过程中，由于加工表面受到切削力的作用使表面层产生塑性变形，晶间产生剪切滑移，晶格扭曲，并产生晶粒的拉长、破碎，被加工件表面层的显微硬度及强度有所提高，这就是冷作硬化现象。

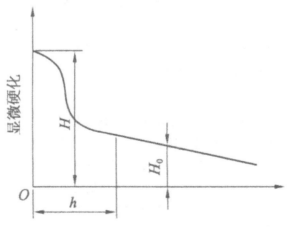

图 2-14 切削加工后表面层的冷作硬化

1.表面层的硬化评定参数

表面层的硬化程度（见图2-14），主要以冷硬层深度及表面层的显微硬度 H 来表示，硬化程度 N 为

$$N = \frac{H - H_0}{H_0} \% \tag{2-8}$$

式中：H_0——母体材料的硬度。

2.影响加工硬化的主要因素

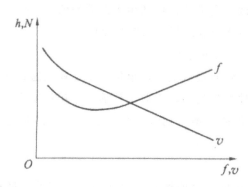

图2-15 切削速度与进给量对冷作硬化的影响

（1）切削用量的影响

如图2-15所示，增大切削速度，可以使金属的塑性变形减小，从而可使加工表面层的硬化程度及深度降低；增大进给量，切削表面层塑性变形也大，故硬化程度及深度随之也增加，但当进给量过小时，切削厚度也小，由于刀刃圆弧半径对工件表面层的挤压，反而使表面层的硬化程度增加；切削深度对表面层冷作硬化的影响与进给量的相似，但较进给量的影响弱一些。

（2）切削刀具的影响

增大前角，可减小加工表面的塑性变形，所以加工硬化变小，增大后角，可以减少刀具后刀面与加工表面的摩擦，从而减少工件表面的硬化程度及深度；刀具刃口半径愈大，刀刃对加工表面的挤压作用愈大，故容易造成加工硬化。

（3）被加工材料的影响

塑性及韧性大、硬度低的被加工材料容易产生加工硬化。

（二）表面层金相组织变化及影响因素

1.磨削烧伤

在磨削过程中，磨削所消耗的能量绝大部分都转化为热能，传入工件的热使加工表面局部升温，当温度达到金相组织转变临界点时，就会产生金相组织变化。对于一般的切削加工来说，尚达不到这个相变温度。而对于磨削加工，切除单位体积金属所消耗的能量，即磨削的比能耗，远远大于车削的比能耗，平均高达30倍。磨削加工消耗的能量大，故产生的热量也多，传入工件的热量比例又比较大，而又集中在被加工表面的很小面积上，从而造成工件表面层局部高温，有时可达熔化温度，引起表面层金相组织变化，即磨削烧伤。

2.影响磨削烧伤的因素及其分析

磨削烧伤的实质是材料表面层的金相组织发生变化，是由于磨削区表面层的高温及高温梯度引起的，磨削温度的高低主要取决于热源强度和热作用时间，因此凡是影响磨削热产生与传导的因素都将是影响磨削烧伤的因素。

（1）被加工材料

被加工材料对磨削区温度的影响主要取决于其强度、硬度、韧性和导热性。工件材料的高温强度越高，加工性就越差，磨削加工中所消耗的功率就越多，发热量就越大。耐热钢由于其高温硬度高于一般碳钢，因此比一般碳钢难加工，磨削时磨削热量很大。表面温升很高，若工件过软，容易堵塞砂轮，反而使加工表面温升加剧。被加工材料的韧性越大，磨削力就越大。弹性模数小的材料，在磨削过程中弹性恢复大，造成磨粒与已加工表面产生强烈摩擦促使温度上升。因此，强度越高、硬度越大、韧性越好的材料磨削时越容易产生烧伤。

（2）砂轮的选择

磨削导热性差的材料，应注意选择砂轮的硬度、结合剂和组织。硬度太高的砂轮，磨削自锐性差，使磨削力增大、温度升高，容易产生烧伤，因此应选较软的砂轮为好。磨削时磨粒受较大磨削力可以弹让，减小了磨削深度，从而降低了磨削力，有助于避免烧伤；砂轮中的气孔对消减磨削烧伤起着重要作用，因为气孔既可以容纳切屑使砂轮不易堵塞，又可以把冷却液或空气带入磨削区使温度下降。因此磨削热敏感性强的材料应选组织疏松的砂轮，但应注意组织过于疏松、气孔过多的砂轮，易于磨损而失去正确的形状。

砂轮磨粒本身的脆性、硬度和强度对形成和保持磨粒的锋利性有很大的影响。氧化物系列中的铬刚玉易碎裂形成新刃，碳化物系列的磨粒硬度高于氧化物系列磨粒，颗粒较为锋利，绿色碳化硅的强度和锋利性又好于黑色碳化硅，宜于磨削硬而导热性差的材料。金刚石磨料最不易产生磨削烧伤，其主要原因是其硬度和强度都比较高。立方氮化硼砂轮热稳定性极好，磨粒切削刃锋利，磨削力小，磨料硬度和强度也很高，且与铁族元素的化学惰性高，磨削温度低，所以能磨出较高的表面质量。

通常来说，为了避免发热量大而引起磨削烧伤，应选用粗粒度砂轮。当磨削软而塑性大的材料时，为防止堵塞砂轮也应选择较粗粒的砂轮。

3.磨削用量

理论分析计算与实践均表明增大磨削深度 a_p 时，磨削力和磨削热也急剧增加，表面层温度升高，故 a_p 不能选得过大，否则容易造成烧伤。增加进给量 f，磨削区温度下降，可减轻磨削烧伤。这是因为增大 f 使砂轮与工件表面接触时间相对减少，故热作用时间减少而使整个磨削区温度下降。但增大 f 会增大表面粗糙度，可以通过采用宽砂轮等方法来解决。

增大工件速度 v_w 时，磨削区温度上升，但上升的速度没有增大 a_p 时那么大。另外，增大 v_w，还有减薄烧伤层深度的作用。但增大 f 也会使表面粗糙度增大，可考虑用提高砂轮速度来解决。

增加砂轮速度 v_s，无疑会使表面温度趋于升高。但提高了 v_s 却又可使切削厚度下降，单颗磨粒与工件表面的接触时间少，这些因素又降低了表面层温度，因而提高 v_s，加工表面的温升有时并不严重。实践表明，同时提高 v_w 和 v_s，可避免产生烧伤。

（4）冷却润滑

良好的冷却润滑条件可将磨削区的热量及时带走，避免或减轻烧伤。

五、控制加工表面质量的途径

（一）减小表面粗糙度的工艺措施

为减少或消除几何因素对表面粗糙度的影响，切削加工中，应首先考虑减小残留面积高度。减小残留面积高度的方法，首先是改变刀具的几何参数：增大刀尖圆弧半径 r_e 和减小副偏角 κ_r'。采用带有 $\kappa_r' = 0$ 的修光刃的刀具或宽刃精刨刀，精车刀也是生产中减小加工表面粗糙度所常用的方法。在采用这些措施时，必须注意避免振动。另外还可考虑采用减小进给量的措施来减小残留面积高度，但减小 f 会降低生产率，故只有在改变刀具几何参数后会引起振动或其他不良影响时，才考虑减小 f。

合理选择切削速度，切削塑性大的材料时，适当地提高切削速度，以防止积屑瘤和鳞刺的产生，从而减小表面粗糙度。

改善材料的切削性能，通过适当的热处理，如进行正火、调质等热处理，以提高材料的硬度、降低塑性和韧性，防止鳞刺的产生。

正确选择切削液不但能延长刀具的使用寿命，而且由于切削液的冷却作用使切削温度降低，切削液的润滑作用使刀具和被加工表面间的摩擦状况得到改善，因而对降低加工表面粗糙度值有明显的作用。

磨削时可从正确选择砂轮、磨削用量和磨削液等方面采取措施来减小表面粗糙度。当磨削温度不太高、工件表面没有出现烧伤和涂抹微熔金属时，就应降低工件线速度 v_w 和纵向进给速度 v_{ft}，并仔细修整砂轮，适当增加光磨次数；当磨削表面出现微熔金属的涂抹点时，则可采取减小磨削深度，必要时适当提高工件线速度等措施来减小表面粗糙度。同时还应考虑砂轮是否太硬，磨削液是否充分，是否有良好的冷却性和流动性。当磨削表面出现拉毛、划伤时，主要应检查磨削液是否清洁，砂轮是否太软。

（二）改善表面物理、力学性能的工艺措施

为减少表面层冷作硬化，应合理选择刀具的几何形状，采用较大的前角和后角，并在刃磨时尽量减小其切削刃口半径，使用时尽量减小刀具后面的磨损限度，合理选择切削用量，采用较高的切削速度和较小的进给量。加工中采用有效的冷却润滑液。

为防止磨削烧伤，应注意控制磨削用量，提高工件线速度与砂轮圆周速度的比值，适当加大横向进给量，并选取较小的磨削深度。正确选择砂轮的硬度、结合剂和组织，提高磨粒硬度，使用较粗粒度的砂轮，修整砂轮时适当增大修整导程和修整深度，选用较软的砂轮以提高砂轮的自砺性，使砂轮不易被磨屑堵塞而防止烧伤的发生。还可采用间隙磨削，用开槽砂轮进行磨削，使工件与砂轮间断接触以改善散热条件，且工件受热时间短，因此能有效减轻烧伤程度。同时要通过采用高压大流量冷却、内冷却砂轮、含油砂轮等措施来改善冷却效果以防烧伤。

为控制加工表面的残余应力，一般需另加一道专门的工序，如采用人工时效方法来消除表面残余应力，采用高频淬火、氧化、渗碳、渗氮等表面热处理工艺，使表面形成残余压应力。同时还可采用精密加工工艺或光整加工工艺、表面强化工艺作为最终加工工序。

（三）提高表面质量的加工方法

提高表面质量的加工方法可分为两大类：一类着重于减小加工表面的粗糙度，另一类着重改善表面层的物理——力学性能。

1.减小表面粗糙度的加工方法

主要是指精密、超精密加工和光整加工。精密、超精密加工的切削深度和进给量一般均极小，切削速度则很高或极低，加工时尽可能进行充分的冷却润滑，最大限度地排除切削力、切削热对加工质量的影响，以有利于减小表面粗糙度。光整加工是用粒度很细的磨料对工件表面进行微量切削和挤压、擦光的过程，它不要求机床有精确的成形运动。加工过程中，磨具与工件的相对运动应尽量复杂，尽可能使磨料不走重复的轨迹，让工件加工表面各点都受到具有很大随机性的接触条件，以突出它们之间的高点，进行相互修整，使误差逐步均化而得到消除，从而获得极光洁的加工表面和高于磨具原始精度的加工精度。

（1）超精密切削

指加工尺寸误差小于 $0.1\mu m$，表面粗糙度 $Ra < 0.025\mu m$ 的切削加工方法。超精密切削加工最关键的问题是超微量切除技术。用于超精密切削的刀具材料必须能刃磨得极其锋利（切削刃口钝圆半径 r_a 小），并在切削过程中保持其锋利程度。刀具的刃磨质量对超精密切削的表面质量有明显的影响，所以必须使刀具的前、后刀面有极小的粗糙度。为保证超精密切削时工件表面的残留面积小，背吃刀量和进给量要足够小，切削速度要非常高。

超精密切削对机床精度和加工环境也有极高的要求，机床主轴应有极高的旋转精度，进给部件应运动平稳、均匀、无爬行现象，机床必须安装在恒温室内并置于隔振地基上。为防止切屑擦伤已加工表面，常采用吸屑器及时吸走切屑，或用充分的煤油和橄榄油对切削区进行润滑和清洗。

在超精密磨削和镜面磨削时，还必须将砂轮修出大量等高的微刃，这些等高的微刃能从工件表面切除极微薄的余量，以消除一些微量尺寸误差，从而得到很高的加工精度；由于微刃是大量的，在加工表面只留下极微细的切削痕迹而得到极小的表面粗糙度值。

（2）研磨

利用研具和工件的相对运动，在研磨剂的作用下，对工件进行的光整加工和精密加工。研磨加工中研具在一定的压力下与加工表面做复杂的相对运动，使研具和工件之间的磨料和研磨液按尽可能不重复的轨迹滚动或滑动，在相对运动中切削、刮擦和挤压，起着机械切削作用和物理化学作用，从而切去极微薄的一层金属，获得很高的表面质量和加工精度。

研磨方法可分为手工研磨和机械研磨，机械研磨使工件和研具的相对运动靠机械运动来实现，所以效率较高，常用于批量生产。如果按研磨剂的使用条件来分，研磨可分为自由嵌砂研磨、强迫嵌砂研磨、无嵌砂研磨三种。

（3）珩磨

珩磨是一种在大批大量生产中应用很广的孔光整加工方法。其工作原理是由几根粒度很细的油石所组成的珩磨头做旋转（定时改变旋转方向）和往复运动，同时珩磨头上的磨条做径向进给运动，使磨条以一定的压力对工件表面进行磨削、挤压和刮擦，珩磨头的旋转和往复运动，使磨粒在孔表面所形成的轨迹是交叉而不重复的网纹，此网纹有利于润滑油膜的形成。珩磨的切削速度远低于磨削速度，其径向压强只有磨削时的 $1/50 \sim 1/100$，所以珩磨一般不会发生磨削烧伤，但效率也不高。珩磨能获得 IT4～IT6 级的尺寸精度，孔的圆度和圆柱度误差小于 $0.003 \sim 0.005$ mm，表面粗糙度 Ra 可达 $0.4 \sim 0.02 \mu$m。

为了使磨条能均匀地与加工表面接触，以保证小而均匀地切除余量，珩磨头与工件孔必须保证同轴，因此珩磨头一般与机床主轴浮动连接，珩磨不能修正被加工孔轴线的位置误差。

（4）抛光

用涂有抛光膏的高速旋转的弹性抛光轮，在相对机械运动的作用下，去掉工件表面的微观凸峰，以获得光亮、平整表面的加工方法。抛光膏由磨粒和油脂混合而成，其作用和研磨剂相同。弹性抛光轮可分别用毛毡、皮革、帆布、绸布等叠加而成。抛光的机理为附着在抛光轮表面的磨粒对工件表面的微量切削作用，抛光轮表面纤维在离心力作用下对工件表面起到滚压和强烈摩擦作用，使工件表面金属出现极薄的塑流层，对不平处起到填平作用，从而获得高质量的加工表面。由于抛光所去除的余量相当微小，且抛光一般为手工操作，所以抛光加工主要用于加工精度要求不高而表面要求光洁的工件，提高零件的疲劳强度、耐腐蚀性或作表面装饰，而不能提高零件的尺寸及形位精度。

近年来，为解决手工抛光生产率低、工人劳动强度大的问题，液体抛光、电解抛光、化学抛光等高效、先进的抛光方法获得越来越多的应用。

2.改善表面物理、力学性能的加工方法

改善表面物理、力学性能的加工方法常用的有滚压加工、挤（胀）孔、喷丸强化、金刚石压光等冷压加工方法。通过使表面层金属发生冷态塑性变形，以提高表面硬度，在表面层产生压缩残余应力，同时也降低表面粗糙度值。冷压加工既简便又有明显效果，应用十分广泛。

（1）喷丸强化

它是利用大量快速运动的珠丸打击零件表面，使工件表面因塑性变形而发生冷作硬化和残余压应力的加工方法。这时表层金属结晶颗粒的形状和方向也得到改变，因而有利于提高零件的抗疲劳强度和延长使用寿命。

喷丸所使用的珠丸一般是铸铁的，或是切成小段的钢丝（使用一段时间后自然变成球状）。对于铝质工件，为避免表面残留铁质微粒而引起电解腐蚀，宜采用铝丸或玻璃丸。珠丸直径一般为 0.2～4 mm，对于尺寸较小粗糙度值要求较小的工件，采用直径较小的珠丸。

喷丸强化工艺主要用于强化形状复杂或不宜用其他方法强化的工件。使用的设备是压缩空气喷丸装置和机械离心式喷丸装置，工作时能使珠丸以 35～50 m/s 的速度喷向工件表面。

（2）滚压加工

它是利用经过淬硬和精细研磨过的滚轮或滚珠，在常温状态下对金属表面进行挤压，利用金属产生塑性变形，从而达到改善加工表面的物理力学性能、减小表面粗糙度的一种无屑加工方法。加工过程中，将表层的凸起部分向下压，凹下部分往上挤，即用工件表面的"峰"去填充"谷"，逐渐将前工序留下的波峰压平，从而修正工件表面的微观几何形状。在塑性变形过程中，表层金属产生晶格扭曲和拉长，并使其组织细化，所以滚压加工既减小了表面粗糙度，又使表面层冷作硬化并产生残余压应力，因此提高了耐磨性、疲劳强度和抗腐蚀能力。

滚压加工可降低表面粗糙度值 3～5 级，表面硬度一般可提高 10%～40%，表层金属的耐疲劳强度一般可提高 30%～50%。

第四节　机械加工的振动

在机械加工过程中产生的振动十分有害，它会干扰和破坏工艺系统的正常运动，使加工表面产生振纹，影响零件的表面质量和使用性能。由于工艺系统持续承受动态交变载荷的作用，刀具使用寿命缩短，机床连接性受到破坏，精度会逐步丧失，严重时甚至使切削加工无法继续进行。为减少振动，有时不得不减小切削用量，从而使机械加工的效率降低。此外，振动引起强烈的噪声会危害周围人员的身体健康。因此，揭示机械加工振动的机理，掌握机械加工振动的规律，找出减小机械加工振动的方法，是机械制造技术的重要研究课题。

机械加工产生的振动主要有自由振动、强迫振动和自激振动（颤振）三种类型。

一、自由振动

当系统受到初始干扰力而破坏了其平衡状态后，系统仅靠弹性恢复力来维持的振动称为自由振动。由于系统中总存在着阻尼，自由振动将逐渐衰减。在切削过程中，出于材料硬度不均或工件表面有缺陷，工艺系统就会产生这类振动，但由于阻尼作用，振动将迅速衰减，因而对机械加工影响较小。

二、机械加工过程中的强迫振动

机械加工中的强迫振动是由于受到外界（相对于切削过程而言）周期性干扰力的作用而引起的振动。强迫振动是影响加工质量和生产效率的关键问题之一。

（一）强迫振动产生的原因

强迫振动有来自机床内部的振源，也有来自机床外部的振源。机内振源主要有机床旋转件的不平衡、机床传动机构的缺陷、往复运动部件的惯性力及切削过程中的冲击等。

机床中各种旋转零件（例如，电动机转子、联轴节、带轮、离合器、轴、齿轮、卡盘、砂轮等）由于形状不对称、材质不均匀或加工误差、装配误差等因素，难免会有偏心质量产生，偏心质量引起的离心惯性力与旋转零件转速的平方成正比，转速越高，产生周期性干扰力的幅值就越大。

带传动中平带接头连接不良、V带的厚度不均匀，链传动中由于链条运动的不均匀性，齿轮制造不精确或有安装误差会产生周期性干扰力，以及轴承滚动体大小不一等机床机构的缺陷产生的动载荷都会引起强迫振动。

在铣削、拉削加工中，刀齿在切入工件或从中切出时，都会有很大的冲击发生。断续表面也会发生由于周期冲击而引起的强迫振动。

在具有往复运动部件的机床中，最强烈的振源往往就是往复运动部件改变运动方向时所产生的惯性冲击。

（二）强迫振动的特征

1.频率

强迫振动的频率与干扰力的频率相同，或是干扰力频率的整倍数。这种频率对应关系是诊断机械加工中所产生的振动是否为强迫振动的主要依据，并可利用上述频率特征去分析、查找强迫振动的振源。

2.幅值

强迫振动的幅值既与干扰力的幅值有关，又与工艺系统的动态特性及干扰力频率有关。一般来说，在干扰力源频率不变的情况下，干扰力的幅值越大，强迫振动的幅值将随之增大，工艺系统的动态特征对强迫振动的幅值影响极大。如果干扰力的频率远离工艺系统各阶模态的固有频率，则强迫振动响应将处于机床动影响的衰减区，振动幅值很小；当干扰力频率接近工艺系统某一固有频率时，强迫振动的幅值将明显增大；若干扰力频率与工艺系统某一固有频率相同，系统将产生共振。若工艺系统阻尼较小，则共振幅值将十分大。

根据强迫振动的这一幅频响应特征，可通过改变运动参数或工艺系统的结构，使干扰力源的频率发生变化或让工艺系统的某阶固有频率发生变化，以使干扰力源的频率远离工艺系统的固有频率，强迫振动的幅值就会明显减小。

3.相位角

强迫振动的位移变化总是比干扰力在相位上滞后一个角 ϕ，其值与系统的动态特性及干扰力频率有关。

三、机械加工中的自激振动（颤振）

（一）自激振动的概念

1.自激振动

机械加工过程中，在没有周期性外力（相对于切削过程而言）作用下由系统内部激发反馈产生的周期性振动，称为自激振动，简称颤振。

实际切削过程中，由于工艺系统由若干个弹性环节组成，在某些瞬时的偶然性扰动力的作用下便会产生振动（自由振动）。工艺系统的振动必然要引起刀具和工件相对位置的变化，这一变化又会引起切削力的波动，并由此再次引起工艺系统的振动，在一定条件下便会激发成自激振动。

上述过程可用传递函数的概念来分析。机床加工系统是一个由振动系统和调节系统组成的闭环反馈控制系统，如图2-16所示。在加工过程中，由于偶然性的外界干扰（如加工材料硬度不均、加工余量有变化等）引起切削力的变化而作用在机床系统上，会使系统产生振动。系统的振动将引起工件、刀具间的相对位置发生周期性变化，使切削过程产生交变切削力，并因此再次引起工艺系统振动，如果工艺系统不存在自激振动的条件，这种偶然性的外界干扰将因工艺系统存在阻尼而使振动逐渐衰减。维持自激振动的能量来自电动机，电动机通过动态切削过程把能量传给振动系统，以维持振动运动。

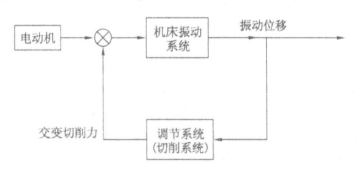

图2-16 自激振动闭环反馈控制系统

2.自激振动的特点

与强迫振动相比，自激振动具有以下特征：机械加工中的自激振动是在没有外力（相对于切削过程而言）干扰下所产生的振动，这与强迫振动有本质的区别，自激振动的频率接近于系统的固有频率，也就是说颤振频率取决于振动系统的固有特性。这与自由振动相似（但不相同），而与强迫振动根本不同。自由振动受阻尼作用将迅速衰减，而自激振动却不因有阻尼存在而衰减。

3.产生自激振动的条件

自激振动维持稳定振动的条件：在一个振动周期内，从一个持续作用的能源所获得（输入）的能量 E（+）等于系统阻尼力所消耗的能量 E（-），如图2-17所示。实际上自激振动系统是非线性系统，维持稳定振动点是能量输入曲线 E（+）和能量消耗曲线量 E（-）的交点 Q。当振动系统吸收的能量 E（+）小于消耗的能量 E（-），不会有自激振动产生，加工系统是稳定的。即使振动系统内部原来就储存一部分能量，在若干次振动之后，这部分能量也将消耗殆尽，因此机械加工过程中不会有自激振动产生。

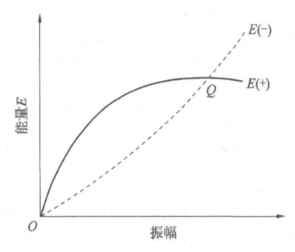

图2-17 自激振动时系统中的能量关系

（二）自激振动的激振机理

产生自激振动的激振原因非常复杂，许多学者曾提出不同的学说，比较公认的有再生原理、振型耦合理论和负摩擦原理。

1.再生理论

切削和磨削加工过程中，后一次走刀和前一次走刀的切削区会有重叠的部分，图2-18示出了磨削外圆时的情况。设砂轮宽度为 B，工件每转进给量为 f，工件相邻两转相互重叠部分的大小用重叠系数 u 表示，则有 $u=(B-f)/B$。显然，用切断刀、成形刀加工或横向切入磨削时 $u=1$，车、磨螺纹时 $u=0$，而大多数切削加工时 $0<u<1$。在本来稳定的切削过程中，假设受到瞬时的偶然扰动，刀具与工件便会发生相对振动（自由振动），振动的幅值将因阻尼存在而逐渐衰减。这种振动会在工件表面留下一段振纹（见图2-19b）。当工件转过一转后，刀具将在留有振纹的表面上进行切削，如图2-19c所示。此时切削厚度将发生波动，这就有动态切削力产生。如果各种条件的匹配是促进振动的，那么将会进一步发展到持续的切削颤振状态（见图2-19d）。这种由振纹和动态切削力的相互影响作用称为振纹的再生效应。由振纹的再生效应导致的切削颤振称为再生型颤振。

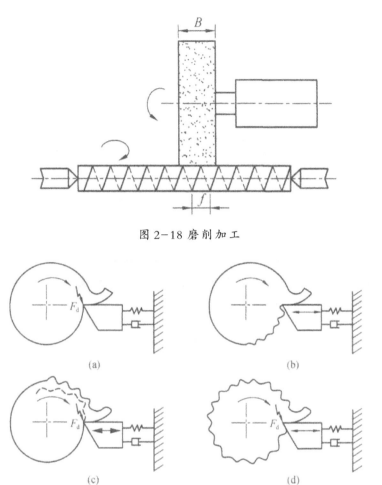

图 2-18 磨削加工

图 2-19 再生切削颤振的产生过程

2.振型耦合原理

　　某些切削加工（如车削螺纹）后一转的切削表面与前一转的切削表面完全没有重叠。因此不存在再生颤振的条件，但当切深增加到一定程度时，切削过程仍会发生切削颤振。可见还有引起颤振的其他原因。实验表明，此种情况下产生的颤振，刀尖与工件相对运动的轨迹是一个形状和位置都十分不稳定的、封闭的近似椭圆。这说明它是一个二维平面中的两个自由度系统的振动问题。图 2-20 所示为车床刀架系统简化的动力学模型，设工件不动，主振系统是刀架系统，其等效质量为 m，用相互垂直的、等效刚度分别为 k_1 和 k_2 的两组弹簧支持着。如果刀架振动运动的实际轨迹沿着椭圆曲线的顺时针方向行进，则在刀具从 a 经 b 到 c 做振入运动时，切削厚度较薄，切削力较小；而在刀具从 c 经 d 到 a 做振出运动时，切削厚度较大，切削力较大。于是振出时切削力所做的正功就大于振入时切削力所做的负功，系统就会有能量输入，振动得以维持。这种由于振动系统在各主振模态间相互耦合、相互关联而产生的自激振动，称为振型耦合型颤振。

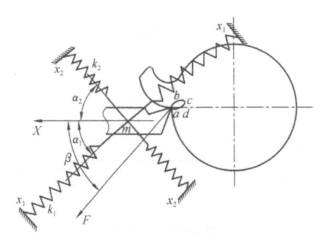

图 2-20 车床刀架振型耦合模型

解释切削颤振机理的学说有很多种，它们均在一定程度上解释了颤振产生的机理。但由于切削颤振过程的物理现象十分复杂，还有许多规律未被揭示，有待于进一步深入研究。

第三章　单片机系统分析

第一节　单片机的基础知识

单片机是微型计算机的一个重要分类，同时也是一种非常活跃且具有很强生命力的机种，广泛应用于控制领域。

一、概述

（一）单片机的概念

单片机是把中央处理器 CPU（Central Processing Unit）、存储器（Memory）、定时器/计数器（Timer/Counter）、I/O（Input/Output）接口电路等一些计算机的主要功能部件集成在一块集成电路芯片上构成的微型计算机。中文"单片机"是由英文名称"Single Chip Microcomputer"直接翻译而来的。

单片机主要应用于工业控制领域，面对的是测控对象，突出的是控制功能，它从功能和形态上来说都是应控制领域应用的要求而诞生的。随着单片机技术的发展，单片机的芯片内集成了许多面对测控对象的接口电路，如 ADC、DAC、高速 I/O 口、PWM、WDT 等。这些电路及接口已经突破了微型计算机传统的体系结构，所以，人们采用了可以更确切反映单片机本质的名称——微控制器 MCU（Micro Controller Unit）。单片机的芯片体积小，在工业现场可完全作嵌入式应用，是一台以单芯片形态作为嵌入式应用的计算机，它有唯一的、专门为嵌入式应用而设计的体系结构和指令系统。因此，单片机又被称为嵌入式微控制器（Embedded Microcontroller）。综上所述，我们知道单片机实际上就是一个单芯片形态的微控制器，它是一个典型的嵌入式应用计算机。而在国内，我们仍然习惯地称它为"单片机"或"单片微机"，在本书中我们使用"单片机"一词。

（二）单片机的应用

单片机具有功耗低、控制功能强、扩展灵活、微型化和使用方便等优点，而且其性价比高,很多单片机芯片甚至只需几元钱就能买到,再加上少量的外围元件,就可以构成一个功能优越的计算机智能控制系统。因此,单片机广泛地应用于各行各业,其主要的应用领域有以下几方面。

1.工业自动化控制

单片机可以用于构成各种工业控制系统、自适应控制系统、数据采集系统等,如数控机床、工厂流水线的智能化管理、电梯控制、化工控制系统、智能大厦管理系统,以及与计算机联网构成二级控制系统等。

2.智能仪器仪表

采用单片机控制可使仪器仪表数字化、智能化、微型化,且功能比采用电子或数字电路更加强大。结合不同类型的传感器,利用单片机的软件编程技术进行误差修正、线性化的处理等,可实现诸如电压、功率、频率、湿度、温度、流量、速度、角度、硬度、压力等物理量的精确测量。

3.智能化家用电器

目前各种家用电器已普遍采用单片机控制代替传统的电子线路控制,如智能冰箱、智能电饭煲、智能洗衣机、空调、微波炉、视听音响设备:大屏幕显示系统等。单片机已使人类的生活变得更加方便舒适、丰富多彩。

4.办公自动化

采用单片机可以使办公设备功能更加丰富,使用更加方便,如PC机、考勤机、复印机、传真机、手机、楼宇自动通信呼叫系统、无线电对讲机等。

除此之外,单片机还应用于玩具、医疗器械、汽车电子、航空航天系统甚至尖端武器中等。

单片机的应用从根本上改变了控制系统传统的设计方法和设计思想,以前由硬件电路实现的大部分控制功能,现在都可以利用单片机通过软件控制加以实现。以前自动控制中的PID调节,现在可以用单片机实现具有智能化的数字计算控制、模糊控制和自适应控制。

这种以软件取代硬件并能提高系统性能的控制技术正在不断地发展完善。

二、单片机的发展趋势

目前,单片机正朝着CMOS化、低功耗、小体积、大容量、高性能、低价格和外围电路内装化等几个方面发展。下面是单片机的主要发展趋势。

(一) 功能更强

尽管单片机是将中央处理器CPU、存储器、I/O接口电路等主要功能部件集成在一块集成电路芯片上构成的微型计算机,但由于工艺和其他方面的原因,还有很多功能部件并未集成在单片机芯片内部。于是,用户通常的做法是根据系统设计的需要在外围扩展功能芯片。随着集成电路技术的快速发展,很多单片机生产厂家充分考虑到用户的需求,将一些常用的功能部件,如A/D(模/数)转换器、D/A(数/模)转换器、PWM（脉冲产生器）以及 LCD（液晶）驱动器等集成到芯片内部，尽量做到单片化，从而成为名副其实的单片机。

（二）功耗更低

MCS-51 系列的 8031 单片机推出时的功耗达 630 mW，而现在的单片机功耗普遍都在 100 mW 左右。随着对单片机功耗要求越来越低，现在的各个单片机制造商基本都采用了 CHMOS 工艺。像 8051 系列单片机采用两种半导体工艺生产，一种是 HMOS 工艺，即高密度短沟道 MOS 工艺；另外一种是 CHMOS 工艺，即互补金属氧化物的 HMOS 工艺。CHMOS 是 CMOS 和 HMOS 的结合，除保持了 HMOS 的高速度和高密度的特点之外，还具有 CMOS 低功耗的特点。CMOS 虽然功耗较低，但由于其物理特征决定其工作速度不够高，而 CHMOS 则具备了高速和低功耗的特点，这些特征更适合于在要求低功耗条件下像电池供电的应用场合，例如应用在便携式、手提式或野外作业仪器设备上。

（三）性能更高

单片机的使用最高频率由 6 MHz、12 MHz、24 MHz、33 MHz，发展到 40 MHz 乃至更高。同时，为了提高速度和运行效率，人们在单片机中开始使用 RISC 体系结构、并行流水线操作和 DSP 等设计技术，这使单片机的指令运行速度大大提高，其电磁兼容性等性能也日趋提高。

（四）系统更简化

推行串行扩展总线，减少引脚数量，简化系统结构。单片机应用系统往往要扩展一些外围器件，许多具有并行总线的单片机推出了删去并行总线的非总线型单片机。采用串行接口时数据传输速度虽然较并行接口要慢，但随着单片机主振频率的提高，加之一般单片机应用系统面对对象的有限速度要求及串行器件的发展，使得移位寄存器接口、SPI、I^2C、Microwire、I-Wire 等串行扩展成为主流。

三、8051 系列单片机

（一）MCS-51 系列单片机的常用芯片

MCS-51 系列单片机是 Intel 公司在总结 MCS-48 系列单片机的基础上于 20 世纪 80 年代初推出的高档 8 位单片机。在 MCS-51 系列单片机中，8051 系列是最早最典型的产品，该系列其他单片机都是在 8051 的基础上进行功能的增、减、改变而来的。MCS 是 Intel 公司的注册商标，所以，凡 Intel 公司生产的以 8051 为核心单元的其他派生单片机都可称为 MCS-51 系列，也可简称为 51 系列。Intel 公司将 MCS-51 的核心技术授权给了很多其他公司，所以有很多公司在做以 8051 为核心的单片机，而其他公司生产的以 8051 为核心单元的派生单片机，例如 Philips 公司的 83C552 及 51LPC 系列、Siemens 公司的 SAB80512、AMD 公司的 8053 等均不能称为 MCS-51 系列，只能称为 8051 系列。

MCS-51 系列单片机分为两大子系列——51 子系列与 52 子系列。其特点如下：

第一，51 子系列：芯片型号的最后位数以"1"作为标志，属基本型产品，根据片内 ROM 的配置，对应的芯片为 8031、8051、8751、80C31、80C51、87C51。

第二，52 子系列：芯片型号的最后位数以"2"作为标志，属增强型产品，根据片内 ROM 的配置，对应的芯片为 8032、8052、8752、80C32、80C52、87C52。

芯片型号中用字母"C"标示的是指采用 CHMOS 工艺制作的；芯片型号中未用字母"C"标示的是指采用 HMOS 工艺制作的。此两类器件在功能上是完全兼容的，但采用 CHMOS 工艺的芯片具有低功耗的特点，所消耗的电流要比 HMOS 工艺器件小得多。CHMOS 工艺器件比 HMOS 工艺器件多了两种节电的工作方式（掉电方式和待机方式），常用于构成低功耗的应用系统。

（二）8051 系列单片机

8051 系列原系 Intel 公司 MCS-51 系列中一个采用 HCMOS 制造工艺的品种。自 Intel 公司对 MCS-51 系列单片机实行技术开放政策后，许多公司诸如 Philips、Dallas、Siemens、Atmel、华邦和 LG 等都以 MCS-51 系列中的基础结构 8051 为内核，通过内部资源的扩展和删减，推出了具有优异性能的各具特色的单片机。因此，现在的 8051 已不局限于 Intel 公司的产品，而是把所有厂家以 8051 为内核的各种型号的 8051 兼容型单片机统称为 8051 系列。

8051 系列中的所有单片机，不论其内部资源配置是扩展了还是删减了，其内核结构都是保持 8051 的内核结构不变。它们都具有以下特点：

（1）普遍采用 CMOS 工艺，通常都能满足 CMOS 与 TTL 的兼容。

（2）都和 MCS-51 系列有相同的指令系统。

（3）所有扩展功能的控制、并行扩展总线和串行总线 UART 都保持不变。

（4）系统的管理仍采用 SFR 模式，而增加的 SFR 不会和原有的 8051 的 21 个 SFR 产生地址冲突。

（5）最大限度保持双列直插 DIP40 封装引脚不变，必须扩展的引脚一般均在用户侧进行扩展，对单片机系统的内部总线均无影响。

上述特征保证了新一代的 8051 系列单片机有最佳的兼容性能。因此，往往我们提到的 8051 不是专指 Intel 公司的 Mask ROM 的 8051，而是泛指 8051 系列中的基础结构，它是以 8051 为内核通过不同资源配置而推出的一系列以 HCMOS 工艺制造生产的新一代的单片机系列。但在本书中，我们仍以 Intel 公司的 8051 型号的单片机为例进行硬件及程序的分析。

第二节　单片机与嵌入式系统

在各种不同类型的嵌入式系统中，以单片微控制器（Microcontroller）作为系统的主要控制核心所构成的单片嵌入式系统（国内通常称为单片机系统）占据着非常重要的地位。单片嵌入式系统的硬件基本构成可分成两大部分：单片微控制器芯片和外围的接口与控制电路。其中单片微控制器是构成单片嵌入式系统的核心。单片微控制器又被称为单片微型计算机（Single-Chip Microcomputer 或 One-Chip Microcomputer），或嵌入式微控制器（Embedded Microcontroller）。

所谓的单片微控制器即单片机，它的外表通常只是一片大规模集成电路芯片。但在芯片的内部却集成了中央处理器单元（CPU）、各种存储器（RAM、ROM、EPROM、E2PROM 和 FlashROM）、各种输入/输出接口（定时器/计数器、并行 I/O、串行 I/O 以及 A/D 转换接口）等众多的功能部件。因此，一片芯片就构成了一个基本的微型计算机系统。

一、嵌入式系统简介

计算机的出现最开始应用于数值计算。随着计算机技术的不断发展，计算机的处理速度越来越快，存储容量越来越大，外围设备的性能越来越好，满足了高速数值计算和海量数据处理的需要，形成了高性能的通用计算机系统。

（一）嵌入式系统的含义

以往我们按照计算机的体系结构、运算速度、结构规模和适用领域，将其分为大型计算机、中型机、小型机和微型计算机，并以此来组织学科和产业分工，这种分类沿袭了约几十年。近 20 年来，随着计算机技术的迅速发展，以及计算机技术和产品对其他行业的广泛渗透，使得以应用为中心的分类方法变得更为切合实际。具体地说，就是按计算机的非嵌入式应用和嵌入式应用将其分为通用计算机系统和嵌入式计算机系统。

通用计算机具有计算机的标准形态，通过安装不同的软件，实现不同功能并应用在社会的各个方面。现在我们在办公室里、家庭中最广泛普及使用的 PC 就是通用计算机最典型的代表。

而嵌入式计算机则是以嵌入式系统的形式隐藏在各种装置、产品和系统中的。在许多应用领域中，如在工业控制、智能仪器仪表、家用电器、电子通信设备等电子系统和电子产品中，对计算机的应用有着不同的要求，这些要求的主要特征为：

（1）面对控制对象。面对物理量传感器变换的信号输入；面对人机交互的操作控制；面对对象的伺服驱动和控制。

（2）可嵌入到应用系统。体积小、低功耗、价格低廉，可方便地嵌入到应用系统和电子产品中。

（3）能在工业现场环境中可靠运行。

（4）具有优良的控制功能。对外部的各种模拟和数字信号能及时地捕捉，对多种不同的控制对象能灵活地进行实时控制。

可以看出，满足上述要求的计算机系统与通用计算机系统是不同的。换句话讲，能够满足和适合以上这些应用的计算机系统与通用计算机系统在应用目标上有巨大的差异。

我们将具备高速计算能力和海量存储，用于高速数值计算和海量数据处理的计算机称为通用计算机系统。而将面对工控领域对象，嵌入到各种控制应用系统、各类电子系统和电子产品中，实现嵌入式应用的计算机系统称为嵌入式计算机系统，简称嵌入式系统（Embedded System）。

国际电气和电子工程师协会（IEEE）对嵌入式系统是这样定义的：Devices used to control, monitor, or assist the operation of equipment, machinery or plants。其中文意思是：嵌入式系统是一种用于控制、监视或辅助装置、机器或工业设备运行的器件。

生活中有很多嵌入式产品，其中手机是常用的通信嵌入式系统；PLC 是典型的工业控制领域嵌入式系统，MP3 是一种流行的消费类嵌入式电子产品；人机界面（作为辅助 PLC 运行的设备）是一种新兴的嵌入式产品。因此，目前嵌入式系统可以说已经遍及日常生活的每一个角落。

由于技术的发展，上述 IEEE 对嵌入式系统的定义已经显得不够完善，通常对嵌入式系统的一般定义是：以应用为中心，计算机技术为基础，软硬件可裁减，适应应用系统对功能、可靠性、成本、体积、功耗有严格要求的专用计算机系统。

从上述定义中可以看到，嵌入式系统本质上是一种特殊的专用计算机系统，嵌入式系统是面向应用和产品的，具有很强的专用性，它必须结合实际系统的功能需求，进行适当的裁减，在满足应用功能的前提下尽可能缩小体积，减少功耗，降低成本，提高系统反应速度，并保证系统稳定可靠。相比较通用计算机，嵌入式系统不是一个单独存在的完整系统，它根据应用系统实际需要，嵌入到应用系统内部，成为整个系统的一部分。

嵌入式系统的硬件组成上，处理器是核心部分。目前，世界上具有嵌入式功能的处理器多达上千种，很多半导体制造商都拥有生产嵌入式处理器的技术，按需求自主设计处理器将是未来嵌入式领域的发展趋势。另外，嵌入式处理器的处理速度越来越快，性能越来越强大，价格越来越低，配合相应的开发工具和环境，就可以实现众多功能需求，这也将成为嵌入式系统发展的一大动力基于 ARM 处理器的嵌入式系统开发板，此开发板具有可裁剪、可编程的开放特性，可用于实现具有特定功能、稳定可靠的嵌入式系统。

特定的环境、特定的功能，要求计算机系统与所嵌入的应用环境成为一个统一的整体，并且往往要满足紧凑、高可靠性、实时性好、低功耗等技术要求。对于这样一种面向具体专用应用目标的计算机系统的应用，以及系统的设计方法和开发技术，构成了今天嵌入式系统的重要内涵，这也是嵌入式系统发展成为一个相对独立的计算机研究和学习领域的原因。

（二）嵌入式系统的特点与应用

嵌入式系统是指用于实现独立功能的专用计算机系统。它由微处理器、微控制器、定时器、传感器等一系列微电子芯片与器件，以及嵌入在存储器中的微型操作系统或控制系统软件组成，完成诸如实时控制、监测管理、移动计算、数据处理等各种自动化处理任务。

嵌入式系统是以应用为核心、以计算机技术为基础、软件硬件可裁剪、适应应用系统对功能、可靠性、安全性、成本、体积、重量、功耗、环境等方面有严格要求的专用计算机系统。嵌入式系统将应用程序和操作系统与计算机硬件集成在一起，简单地讲就是系统的应用软件与系统的硬件一体化。这种系统具有软件代码小、高度自动化、响应速度快等特点，特别适应于面向对象的要求实时和多任务的应用。

嵌入式计算机系统在应用数量上远远超过了各种通用计算机系统，一台通用计算机系统，如 PC 机的外部设备中就包含了 5～10 个嵌入式系统。键盘、鼠标、软驱、硬盘、显示卡、显示器、Modem、网卡、声卡、打印机、扫描仪、数字相机、USB 集线器等均是由嵌入式处理器控制的。嵌入式计算机系统在制造工业、过程控制、通信、仪器、仪表、汽车、船舶、航空、航天、军事装备、消费类产品等方面均有广泛应用。

通用计算机系统和嵌入式计算机系统形成了计算机技术的两大分支。与通用计算机系统相比，嵌入式计算机系统最显著的特性是面对工控领域的测控对象。工控领域的测量对象都是一些物理量，如压力、温度、速度、位移等；控制对象则包括马达、电磁开关等。嵌入式计算机系统对这些参量的采集、处理、控制速度是有限的，而对控制方式和能力的要求则是多种多样的。显然，这一特性形成并决定了嵌入式计算机系统和通用计算机系统在系统结构、技术、学习、开发和应用等诸方面的差别，也使得嵌入式系统成为计算机技术发展中的一个重要分支。

嵌入式计算机系统以其独特的结构和性能，越来越多地被应用于国民经济的各个领域。

二、单片嵌入式系统

嵌入式计算机系统的构成，根据其核心控制部件的不同可分为几种不同的类型：各种类型的工控机，可编程逻辑控制器 PLC，以通用微处理器或数字信号处理器为核心构成的嵌入式系统，单片嵌入式系统。

采用上述不同类型的核心控制部件所构成的系统都实现了嵌入式系统的应用，成为嵌入式系统应用的庞大家族。

以单片机作为控制核心的单片嵌入式系统大部分应用于专业性极强的工业控制系统中。其主要特点是：结构和功能相对单一，存储容量较小，计算能力和效率比较低，简单的用户接口。由于这种嵌入式系统功能专一可靠、价格便宜，因此在工业控制、电子智能仪器设备等领域有着广泛的应用。

作为单片嵌入式系统的核心控制部件，单片机从体系结构到指令系统都是按照嵌入式系统的应用特点专门设计的，能最好地满足面对控制对象、应用系统的嵌入、现场的可靠运行和优良的控制功能要求。因此，单片嵌入式应用是发展最快、品种最多、数量最大的嵌入式系统，也有着广泛的应用前景。由于单片机具有嵌入式系统应用的专用体系结构和指令系统，因此在其基本体系结构上，可衍生出能满足各种不同应用系统要求的系统和产品。用户可根据应用系统的各种不同要求和功能，选择最佳型号的单片机。

作为一个典型的嵌入式系统——单片嵌入式系统，在我国大规模应用已有几十年的历史。它不但是在中、小型工控领域、智能仪器仪表、家用电器、电子通信设备和电子系统中最重要的工具和最普遍的应用手段，同时正是由于单片嵌入式系统的广泛应用和不断发展，也大大推动了嵌入式系统技术的快速发展。因此，对于电子、通信、工业控制、智能仪器仪表等相关专业的学生来讲，深入学习和掌握单片嵌入式系统的原理与应用，不仅能对自己所学的基础知识进行检验，而且能够培养和锻炼自己的问题分析、综合应用和动手实践的能力，掌握真正的专业技能和应用技术。同时，深入学习和掌握单片嵌入式系统的原理与应用，也可为更好地掌握其他嵌入式系统打下重要的基础。

三、单片嵌入式系统结构

仅由一片单片机芯片是不能构成一个应用系统的。系统的核心控制芯片往往还需要与一些外围芯片、器件和控制电路机构有机地连接在一起，才构成了一个实际的单片机系统，进而再嵌入到应用对象的环境体系中，作为其中的核心智能化控制单元而构成典型的单片嵌入式应用系统，如洗衣机、电视机、空调、智能仪器、智能仪表等。

单片嵌入式系统的结构通常包括三大部分：既能实现嵌入式对象各种应用要求的单片机、全部系统的硬件电路和应用软件。

（一）单片机

单片机是单片嵌入式系统的核心控制芯片，由它实现对控制对象的测控、系统运行管理控制、数据运算处理等功能。

（二）系统硬件电路

系统硬件电路是指根据系统采用单片机的特性以及嵌入对象要实现的功能要求而配备的外围芯片、器件所构成的全部硬件电路。通常包括以下几部分：

1.基本系统电路

基本系统电路提供和满足单片机系统运行所需要的时钟电路、复位电路、系统供电电路、驱动电路、扩展的存储器等。

2.前向通道接口电路

前向通道接口电路是应用系统面向对象的输入接口，通常是各种物理量的测量传感器、变换器输入通道。根据现实世界物理量转换成电量输出信号的类型，如模拟电压电流、开关信号、数字脉冲信号等的不同，接口电路也不同。常见的有传感器、信号调理器、模/数转换器ADC、开关输入电路、频率测量接口等。

3.后向通道接口电路

后向通道接口电路是应用系统面向对象的输出控制电路接口。根据应用对象伺服和控制要求，通常有数/模转换器DAC、开关量输出电路、功率驱动接口、PWM输出控制电路等。

4.人机交互通道接口电路

人机交互通道接口电路是满足应用系统人机交互需要的电路，通常有键盘、拨动开关、LED发光二极管、数码管、LCD液晶显示器、打印机等多种输入输出接口电路。

5.数据通信接口电路

数据通信接口电路是满足远程数据通信或构成多机网络应用系统的接口。通常有RS-232、PSI、I^2C、CAN总线、USB总线等通信接口电路。

（三）系统的应用软件

系统应用软件的核心就是下载到单片机中的系统运行程序。整个嵌入式系统全部硬件的相互协调工作、智能管理和控制都由系统运行程序决定。它被认为是单片嵌入式系统核心的核心。一个系统应用软件设计的好坏，往往也决定了整个系统性能的好坏。

系统软件是根据系统功能要求设计的，一个嵌入式系统的运行程序实际上就是该系统的监控与管理程序。对于小型系统的应用程序，一般采用汇编语言编写。而对于中型和大型系统的应用程序，往往采用高级程序设计语言如C语言、Basic语言来编写。

编写嵌入式系统应用程序与编写其他类型的软件程序（如基于PC的应用软件的设计开发）有很大的不同，嵌入式系统应用程序更多面向硬件底层和控制，而且还要面对有限的资源（如有限的RAM）。嵌入式系统应用软件的设计不仅要直接面对单片机和与它连接的各种不同种类和设计的外围硬件，还要面对系统的具体应用和功能。整个运行程序常常是输入、输出接口设计，存储器，外围芯片，中断处理等多项功能交织在一起的。因此，除了硬件系统的设计，系统应用软件的设计也是嵌入式系统开发研制过程中一项重要和困难的任务。

需要强调的是，单片嵌入式系统的硬件设计和软件设计两者之间的关系是十分紧密、互相依赖和制约的，要求嵌入式系统的开发人员既要具备扎实的硬件设计能力，同时也要具备相当优秀的软件程序设计能力。

四、单片嵌入式系统的应用领域

以单片机为核心构成的单片嵌入式系统已成为现代电子系统中最重要的组成部分。在现代的数字化世界中，单片嵌入式系统已经大量地渗透到我们生活的各个领域，几乎很难找到哪个领域没有单片机的踪迹。导弹的导航装置、飞机上各种仪表的控制、计算机的网络通信与数据传输、工业自动化过程的实时控制和数据处理、生产流水线上的机器人、医院里先进的医疗器械和仪器、广泛使用的各种智能IC卡、小朋友的程控玩具和电子宠物等，都是典型的单片嵌入式系统应用。

由于单片机芯片的微小体积，极低的成本和面向控制的设计，使得它作为智能控制的核心器件被广泛地用于嵌入到工业控制、智能仪器仪表、家用电器、电子通信产品等各个领域中的电子设备和电子产品中。其主要应用领域有以下几个方面。

（一）智能家用电器

智能家用电器俗称带"电脑"的家用电器，如电冰箱、空调、微波炉、电饭锅、电视机、洗衣机等。在传统的家用电器中嵌入了单片机系统后使产品性能得到了很大的改善，实现了运行智能化、温度的自动控制和调节、节约电能等功效。

（二）智能机电一体化产品

单片机嵌入式系统与传统的机械产品相结合，使传统的机械产品结构简单化，控制智能化，构成新一代的机电一体化产品。这些产品已在纺织、机械、化工、食品等工业生产中发挥出巨大的作用。

（三）智能仪表仪器

用单片机嵌入式系统改造原有的测量、控制仪表和仪器，能促使仪表仪器向数字化、智能化、多功能化、综合化、柔性化等方面发展。由单片机系统构成的智能仪器仪表可以集测量、处理、控制功能于一体，赋予了传统的仪器仪表一个崭新的面貌。

（四）测控系统

用单片机嵌入式系统可以构成各种工业控制系统、适应控制系统和数据采集系统，如温室人工气候控制、汽车数据采集与自动控制系统。

第三节　单片机综合实例分析

单片机应用系统的技术要求各不相同，针对具体的任务，设计方法和步骤也不完全相同。为完成某一任务的单片机应用系统需要包含硬件系统和软件系统。硬件和软件必须紧密结合，协调一致才能正常工作。在系统研制过程中，硬件设计和软件设计不能截然分开，硬件设计时应考虑到软件设计方法，而软件也一定是基于硬件基础进行设计的，这就是所谓的"软硬结合"。

一、单片机应用系统开发设计

（一）方案论证

（1）了解用户的需求，确定设计规模和总体框架。

（2）摸清软硬件技术难度，明确技术主攻问题。

（3）针对主攻问题开展调研工作，查找中外有关资料，确定初步方案。

（4）单片机应用开发技术是软硬件结合的技术，方案设计要权衡任务的软硬件分工。有时硬件设计会影响到软件程序结构。如果系统中增加藁个硬件接口芯片，因此给系统程序的模块化带来了可能和方便，那么这个硬件开销是值得的。在无碍大局的情况下，以软件代替硬件正是计算机技术的长处。

（5）尽量采纳可借鉴的成熟技术，减少重复性劳动。

（二）硬件系统的设计

单片机应用系统的设计可划分为两部分：一部分是与单片机直接接口的数字电路范围的电路芯片的设计，如存储器和并行接口的扩展，定时系统、中断系统扩展，一般的外部设备的接口，甚至于 A/D、D/A 芯片的接口。另一部分是与模拟电路相关的电路设计，包括信号整形、变换、隔离和选用传感器，输出通道中的隔离和驱动以及执行元件的选用。

（1）从应用系统的总线观念出发，各局部系统和通道接口设计与单片机要做到全局一盘棋。例如，芯片间的时间是否匹配，电平是否兼容，能否实现总线隔离缓冲等，避免"拼盘"战术。

（2）尽可能选用符合单片机用法的典型电路。

（3）尽可能采用新技术，选用新的元件及芯片。

（4）抗干扰设计是硬件设计的重要内容，如看门狗电路、去耦滤波、通道隔离、合理的印制板布线等。

（5）当系统扩展的各类接口芯片较多时，要充分考虑到总线驱动能力。当负载超过允许范围时，为了保证系统可靠工作，必须加总线驱动器。

（6）可用印制板辅助设计软件，如用 PROTEL 进行印制板的设计。

（三）应用软件设计

（1）采用模块程序设计。

（2）采用自顶向下的程序设计。

（3）外部设备和外部事件尽量采用中断方式与 CPU 联络，这样既便于系统模块化，也可提高程序效率。

（4）近几年推出的单片机开发系统，有些是支持高级语言的，如 C51 与 PL/M96 的编程和在线跟踪调试。

（5）目前已有一些实用子程序发表，程序设计时可适当使用，其中包括运行子程序和控制算法程序等。

（6）系统的软件设计应充分考虑到软件抗干扰措施。

（四）软硬件调试

单片机系统主要的功能如下：

（1）程序的录入、编辑和交叉汇编功能。

（2）提供仿真 RAM、仿真单片机。

（3）支持用户汇编语言（有的同时支持高级语言）源文件跟踪调试。

（4）目前一般的开发装置都有与通用微机的联机接口，可以利用微机环境进行调试。

（5）EPROM 的写入功能。

（五）EPROM 固化

所有开发装置调试通过的程序，最终要脱机运行，即将仿真 ROM 中运行的程序固化到 EPROM 脱机运行。但在开发装置上运行正常的程序，固化后脱机运行并不一定同样正常。若脱机运行有问题，则需分析原因，如是否总线驱动功能不够，或是对接口芯片操作的时间不匹配等。经修改的程序需再次写入。

二、单片机应用系统的开发工具

单片机应用系统开发必须经过调试阶段，只有经过调试才能发现问题、改正错误，最终完成开发任务。实际上，对于较复杂的程序，大多数情况下都不可能一次性就调试成功，即使是资深程序员也是如此。

单片机只是一块芯片而已，本身并无开发能力，要借助开发工具才能实现系统设计。开发工具主要包括电脑、编程器（又称写入器）和仿真机。如果使用 EPROM 作为存储器，则还要配备紫外线擦除器。其中必不可少的工具是电脑和编程器。（当然，对于在线可编程（ISP）的单片机，如 89S51，也可以不用编程器，而通过电缆下载）

（一）仿真机及其使用

1.开发环境

单片机程序的编写、编译、调试等都是在一定的集成开发环境下进行的。

集成开发环境仿真软件（IDE）将文件的编辑，汇编语言的汇编、连接，高级语言的编译、连接高度集成于一体，能对汇编程序和高级程序进行仿真调试。

单片机程序如果是用汇编编写的，文件名后必须加后缀名 ".ASM"。如果是用C51编写的，必须加后缀名 ".C"。

2.仿真机的使用

为了实现目标系统的一次性完全开发，必须用到仿真机（也称在线仿真机）。在线仿真机的主要作用是能完全"逼真"地扮演用户单片机的角色，且能在集成开发环境中对运行程序进行各种调试操作，及时发现问题，及时修改程序，从而提高工作效率，缩短开发周期。

使用时，在线仿真机通过 RS-232 插件与电脑的 COM1 或 COM2 端口相连。在断电情况下，拔下用户系统的单片机和 EPROM，以仿真头代之。

运行仿真调试程序，通过跟踪执行，能及时发现软硬件方面的问题并进行修正。当设计达到满足系统要求后，将调试好的程序在编译时形成的二进制文件用编程器烧写到芯片中，一个应用系统就调试成功了。

（二）编程器

当把编写好的程序在集成开发环境编译通过后，会形成一个二进制文件（文件名与源程序文件名相同，后缀名为".BIN"域十六进制文件（后缀名为".HEX"），即形成所谓的目标程序。这个目标程序必须利用编程器才能将目标文件烧写到单片机的程序存储器中，从而让单片机系统的硬件和软件真正结合起来，组成一个完整的单片机系统。

三、单片机应用系统的设计方法

系统功能主要有数据采集、数据处理、输出控制等。每一个功能又可细分为若干个子功能，比如数据采集可分为模拟信号采样与数字信号采样。模拟信号采样与数字信号采样在硬件支持与软件控制上是有明显差异的。数据处理可分为预处理、功能性处理、抗干扰等子功能，而功能性处理还可以继续划分为各种信号处理等。输出控制按控制对象不同可分为各种控制功能，如继电器控制、D/A转换控制、数码管显示控制等。

系统性能主要由精度、速度、功耗、体积、重量、价格和可靠性的技术指标来衡量。系统研制前，要根据需求调查结果给出上述各指标的定额。一旦这些指标被确定下来，整个系统将在这些指标限定下进行设计。系统的速度、体积、重量、价格、可靠性等指标会左右系统软、硬件功能的划分。系统功能尽可能用硬件完成，这样可提高系统的工作速度，但系统的体积、重量、功耗和硬件成本都相应地增加，而且还增加了硬件所带来的不可靠因素。用软件功能尽可能地代替硬件功能，可使系统体积、重量、功耗和硬件成本降低，并可提高硬件系统的可靠性，但是可能会降低系统的工作速度。因此，在进行系统功能的软、硬件划分时，一定要依据系统性能指标综合考虑。

（一）系统基本结构组成

1.单片机选型

单片机选型时，主要考虑因素有二：一是单片机性价比，二是开发周期。

在选择单片机芯片时，一般选择内部不含ROM的芯片比较合适，如8031，通过外部扩展EPROM和RAM即可构成系统，这样不需专门的设备即可固化应用程序。但是当设计的应用系统批量比较大时，则可选择带ROM、EPROM、OTPROM或EE-PROM等的单片机，这样可使系统更加简单。通常的做法是在软件开发过程中采用EPROM型芯片，而最终产品采用OTPROM型芯片（一次性可编程EPROM芯片），这样可以提高产品的性能价格比。

2.存储空间分配

存储空间分配既影响单片机应用系统硬件结构，也影响软件的设计及系统调试。

不同的单片机具有不同的存储空间分布。MCS-51单片机的程序存储器与数据存储器空间相互独立，工作寄存器、特殊功能寄存器与内部数据存储器共享一个存储空间，I/O端口则与外部数据存储器共享一个空间。8098单片机的片内RAM程序存储区、数据存储区和I/O端口全部使用同一个存储空间。总的来说，大多数单片机都存在不同类型的器件共享同一个存储空间的问题。因此，在系统设计时就要合理地为系统中的各种部件分配有效的地址空间，以便简化译码电路，并使CPU能准确地访问到指定部件。

3.I/O通道划分

单片机应用系统中通道的数目及类型直接决定系统结构。设计中应根据被控对象所要求的输入/输出信号的数目及类型，确定整个应用系统的通道数目及类型。

4.I/O方式的确定

采用不同的输入/输出方式，对单片机应用系统的硬、软件要求是不同的。在单片机应用系统中，常用的I/O方式主要有无条件传送方式（程序同步方式）、查询方式和中断方式。这三种方式对硬件的要求和其软件结构各不相同，而且存在着明显的优缺点差异。在一个实际应用系统中，选择哪一种I/O方式，要根据具体的外设工作情况和应用系统的性能技术指标综合考虑。一般来说，无条件传送方式只适用于数据变化非常缓慢的外设，这种外设的数据可视为常态数据；中断方式处理器效率较高，但硬件结构稍复杂一些；而查询方式硬件价格较低，但其处理器效率比较低，速度比较慢。在一般小型的应用系统中，由于速度要求不高，控制的对象也较么大多采用查询方式。

5.软、硬件功能划分

同一般的计算机系统一样，单片机应用系统的软件和硬件在逻辑上是等效的。具有相同功能的单片机应用系统，其软、硬件功能可以在很宽的范围内变化。一些硬件电路的功能可以由软件来实现，反之亦然。在应用系统设计中，系统的软、硬件功能划分要根据系统的要求而定，多用硬件来实现一些功能，可以提高速度，减少存储容量和软件研制的工作量，但会增加硬件成本，降低硬件的利用率和系统的灵活性与适应性。相反，若用软件来实现某些硬件功能则可以节省硬件开支，提高灵活性和适应性，但相应速度要下降，软件设计费用和所需存储容量要增加。因此，在总体设计时，必须权衡利弊，仔细划分应用系统中的硬件和软件的功能。

（二）单片机应用系统硬、软件的设计原则

1.硬件系统设计原则

一个单片机应用系统的硬件电路设计包括两部分内容：一是单片机系统扩展，即单片机内部的功能单元（如程序存储器、数据存储器、I/O、定时器/计数器、中断系统等）的容量不能满足应用系统的要求时，必须在片外进行扩展，选择适当的芯片，设计相应的扩展连接电路；二是系统配置，即按照系统功能要求配置外围设备，如键盘、显示器、打印机、A/D转换器、D/A转换器等，要设计合适的接口电路。

（1）尽可能选择典型通用的电路，并符合单片机的常规用法。为硬件系统的标准化、模块化奠定良好的基础。

（2）系统的扩展与外围设备配置的水平应充分满足应用系统当前的功能要求，并留有适当余地，便于以后进行功能的扩充。

（3）硬件结构应结合应用软件方案一并考虑。硬件结构与软件方案会产生相互影响，考虑的原则是：软件能实现的功能尽可能由软件实现，即尽可能地用软件代硬件，以简化硬件结构、降低成本、提高可靠性。但必须注意，由软件实现的硬件功能，其响应时间要比直接用硬件长。因此，某些功能选择以软件代硬件实现时，应综合考虑系统响应速度、实时要求等相关的技术指标。

（4）整个系统中相关的器件要尽可能做到性能匹配。例如，选用晶振频率较高时，存储器的存取时间就短，应选择允许存取速度较快的芯片；选择 CMOS 芯片单片机构成低功耗系统时，则系统中的所有芯片都应该选择低功耗产品。如果系统中相关的器件性能差异很大，则系统综合性能将降低，甚至不能正常工作。

（5）可靠性及抗干扰设计是硬件设计中不可忽视的一部分，它包括芯片、器件选择、去耦滤波、印刷电路板布线、通道隔离等。如果设计中只注重功能实现，而忽视可靠性及抗干扰设计，到头来只能是事倍功半，甚至会造成系统崩溃，前功尽弃。

（6）单片机外接电路较多时，必须考虑其驱动能力。当驱动能力不足时，系统工作不可靠。解决的办法是增加驱动能力，增加总线驱动器或者减少芯片功耗，降低总线负载。

2.应用软件设计的特点

应用系统中的应用软件是根据系统功能设计的，应可靠地实现系统的各种功能。应用系统种类繁多，应用软件各不相同，但是一个优秀的应用系统的软件应具有以下特点：

（1）软件结构清晰、简洁、流程合理。

（2）各功能程序实现模块化、系统化。这样既便于调试、连接，又便于移植、修改和维护。

（3）程序存储区、数据存储区规划合理，既能节约存储容量，又能给程序设计与操作带来方便。

（4）运行状态实现标志化管理。各个功能程序运行状态、运行结果以及运行需求都设置状态标志以便查询，程序的转移、运行、控制都可通过状态标志条件来控制。

（5）经过调试修改后的程序应进行规范化，除去修改"痕迹"。规范化的程序便于交流、借鉴，也为今后的软件模块化、标准化打下基础。

（6）实现全面软件抗干扰设计。软件抗干扰是计算机应用系统提高可靠性的有力措施。

（7）为了提高运行的可靠性，在应用软件中设置自诊断程序，在系统运行前先运行自诊断程序，用以检查系统各特征参数是否正常。

（三）硬件设计

1.程序存储器

若单片机内无片内程序存储器或存储容量不够，则需外部扩展程序存储器。外部扩展的存储器通常选用 EPROM 或 EEPROM。EPROM 集成度高、价格便宜，EEPROM 则编程容易。当程序量较小时，使用 EEPROM 较方便；当程序量较大时，采用 EPROM 更经济。

2.数据存储器

数据存储器利用 RAM 构成。大多数单片机都提供了小容量的片内数据存储区，只有当片内数据存储区不够用时才扩展外部数据存储器。

存储器的设计原则是：在存储容量满足要求的前提下，尽可能减少存储芯片的数量。建议使用大容量的存储芯片以减少存储器芯片数目，但应避免盲目地扩大存储器容量。

3.I/O 接口

由于外设多种多样，使得单片机与外设之间的接口电路也各不相同。因此，I/O 接口常常是单片机应用系统中设计最复杂也是最困难的部分之一。

I/O 接口大致可归类为并行接口、串行接口、模拟采集通道（接口）、模拟输出通道（接口）等。目前有些单片机已将上述各接口集成在单片机内部，使 I/O 接口的设计大大简化。系统设计时，可以选择含有所需接口的单片机。

4.译码电路

当需要外部扩展电路时，就需要设计译码电路。译码电路要尽可能简单，这就要求存储空间分配合理，译码方式选择得当。

考虑到修改方便与保密性强，译码电路除了可以使用常规的门电路、译码器实现外，还可以利用只读存储器与可编程门阵列来实现。

5.总线驱动器

如果单片机外部扩展的器件较多，负载过重，就要考虑设计总线驱动器。比如，MCS-51 单片机的 P0 口负载能力为 8 个 TTL 芯片，P2 口负载能力为 4 个 TTL 芯片，如果 P0、P2 实际连接的芯片数目超出上述定额，就必须在 P0、P2 口增加总线驱动器来提高它们的驱动能力。P0 口应使用双向数据总线驱动器（如 74LS245），P2 口可使用单向总线驱动器（如 74LS244）。

6.抗干扰电路

针对可能出现的各种干扰，应设计抗干扰电路。在单片机应用系统中，一个不可缺少的抗干扰电路就是抗电源干扰电路。最简单的实现方法是在系统弱电部分（以单片机为核心）的电源入口对地跨接 1 个大电容（100 μF 左右）与一个小电容（0.1 μF 左右），在系统内部芯片的电源端对地跨接 1 个小电容（0.01 μF～0.1 μF）。

另外，可以采用隔离放大器、光电隔离器件抗共地干扰，采用差分放大器抗共模干扰，采用平滑滤波器抗白噪声干扰，采用屏蔽手段抗辐射干扰等。

（四）软件设计

整个单片机应用系统是一个整体。在进行应用系统总体设计时，软件设计和硬件设计应统一考虑、相结合进行。当系统的硬件电路设计定型后，软件的任务也就明确了。

一个应用系统中的软件一般是由系统的监控程序和应用程序两部分构成的。其中，应用程序是用来完成诸如测量、计算、显示、打印、输出控制等各种实质性功能的软件；系统监控程序是控制单片机系统按预定操作方式运行的程序，它负责组织调度各应用程序模块，完成系统自检、初始化、处理键盘命令、处理接口命令、处理条件触发和显示等功能。

系统软件设计时，应根据系统软件功能要求，将系统软件分成若干个相对独立的部分，并根据它们之间的联系和时间上的关系，设计出合理的软件总体结构。通常在编制程序前，先根据系统输入和输出变量建立起正确的数学模型，然后画出程序流程框图。要求流程框图结构清晰、简洁、合理。画流程框图时还要对系统资源作具体的分配和说明。编制程序时一般采用自顶向下的程序设计技术，先设计监控程序，再设计各应用程序模块。各功能程序应模块化、子程序化、这样不仅便于调试、连接，还便于修改和移植。

五、资源分配

（一）ROM/EPROM 资源的分配

ROM/EPROM 用于存放程序和数据表格。按照 MCS-51 单片机的复位及中断入口的规定，002FH 以前的地址单元格作为中断、复位入口地址区。在这些单元格中一般都设置了转移指令，用于转移到相应的中断服务程序或复位启动程序。当程序存储器中存放的功能程序及子程序数量较多时，应尽可能为它们设置入口地址表。一般的常数、表格集中设置在表格区。二次开发扩展区尽可能放在高位地址区。

（二）RAM 资源分配

RAM 分为片内 RAM 和片外 RAM。片外 RAM 的容量比较大，通常用来存放批量大的数据，如采样结果数据；片内 RAM 容量较少，应尽量重叠使用，比如数据暂存区与显示、打印缓冲区重叠。

对于 MCS-51 单片机来说，片内 RAM 是指 00H-7FH 单元，这 128 个单元的功能并不完全相同，分配时应注意发挥各自的特点，做到物尽其用。

00H～1FH 这 32 个字节可以作为工作寄存器组，在工作寄存器的 8 个单元格中，R0 和 R1 具有指针功能，是编程的重要角色，应充分发挥其作用。系统上电复位时，置 PSW＝00H，当前工作寄存器为 0 组，而工作寄存器组 1 为堆栈，并向工作寄存器组 2、3 延伸。若在中断服务程序中，也要使用 R1 寄存器且不将原来的数据冲掉，则可在主程序中先将堆栈空间设置在其他位置，然后在进入中断服务器程序后选择工作寄存器组 1、2 或 3，这时，若再执行诸如 MOVR1，#00H 指令，就不会冲掉 R1（01H 单元）中原来的内容，因为这时 R1 的地址已改变为 09H、11H 或 19H。在中断服务程序结束时，可重新选择工作寄存器组 0。因此，通常可在应用程序中安排主程序及调用的子程序使用工作寄存器组 0，而安排定时器溢出中断、外部中断、串行口中断使用工作寄存器组 1、2 或 3。

四、单片机应用系统调试

单片机应用系统的调试主要是指使用调试工具对系统进行软件、硬件和系统联调等几个方面的测试。

（一）单片机应用系统调试工具

在单片机应用系统调试中，最常用的调试工具有以下几种。

1. 单片机开发系统

单片机开发系统（又称仿真器）的主要作用如下：

（1）系统硬件电路的诊断与检查。

（2）程序的输入与修改。

（3）硬件电路、程序的运行与调试。

（4）程序在 EPROM 中的固化。

2. 万用表

万用表主要用于测量硬件电路的通断、两点间阻值、测试点处稳定电流或电压值及其他静态工作状态。

例如，当给某个集成芯片的输入端施加稳定输入时，可用万用表来测试其输出，通过测试值与预期值的比较，就可大致判定该芯片的工作是否正常。

3. 逻辑笔

逻辑笔可以测试数字电路中测试点的电平状态（高或低）及脉冲信号的有无。假如要检测单片机扩展总线上连接的某译码器是否有译码信号输出，可编写一循环程序使译码器对一特定译码状态不断进行译码。运行该循环程序后，用逻辑笔测试译码器输出端，若逻辑笔上红、绿发光二极管交替闪亮，则说明译码器有译码信号输出；若只有红色发光二极管亮（高电平输出）或绿色发光二极管亮（低电平输出），则说明译码器无译码信号输出。这样就可以初步确定由扩展总线到译码器之间是否存在故障。

4. 逻辑脉冲发生器与模拟信号发生器

逻辑脉冲发生器能够产生不同宽度、幅度及频率的脉冲信号，它可以作为数字电路的输入源。模拟信号发生器可产生具有不同频率的方波、正弦波、三角波、锯齿波等模拟信号（不同的信号发生器能够产生的信号波形不完全相同），它可作为模拟电路的输入源。这些信号源在模拟调试中是非常有用的。

5. 示波器

示波器可以测量电平、模拟信号波形及频率，还可以同时观察两个或三个信号的波形及它们之间的相位差（双踪或多踪示波器）。它既可以对静态信号进行测试，也可以对动态信号进行测试，而且测试准确性好。它是任何电子系统调试维修的一种必备工具。

6.逻辑分析仪

逻辑分析仪能够以单通道或多通道实时获取与触发事件的逻辑信号，可保存显示触发事件前后所获取的信号，供操作者随时观察，并作为软、硬件分析的依据，以便快速有效地查出软、硬件中的错误。逻辑分析仪主要用于动态调试中信号的捕获。

在单片机应用系统调试中，万用表、示波器及开发系统是最基本的、必备的调试工具。

（二）单片机应用系统的一般调试方法

1.硬件调试

硬件调试是利用开发系统、基本测试仪器（万用表、示波器等），通过执行开发系统有关命令或运行适当的测试程序（也可以是与硬件有关的部分用户程序段），检查用户系统硬件中存在的故障。

硬件调试可分静态调试与动态调试两步进行。

（1）静态调试

静态调试是在用户系统未工作时的一种硬件检查。

静态调试的第一步为目测。单片机应用系统中大部分电路安装在印制电路板上，因此，对每一块加工好的印制电路板要进行仔细的检查。检查它的印制线是否有断线，是否有毛刺，是否与其他线或焊盘粘连，焊盘是否脱落，过孔是否有未金属化现象等。如印制板无质量问题，则将集成芯片的插座焊接在印制板上，并检查其焊点是否有毛刺，是否与其他印制线或焊盘连接，焊点是否光亮饱满无虚焊。对单片机应用系统中所用的器件与设备，要仔细核对型号，检查它们对外连线（包括集成芯片引脚）是否完整无损。通过目测查出一些明显的器件、设备故障并及时排除。

第二步为万用表测试，目测检查后，可进行万用表测试。先用万用表复核目测中认为可疑的连接或接点，检查它们的通断状态是否与设计规定相符。再检查各种电源线与地线之间是否有短路现象，如有再仔细查并排除。短路现象一定要在器件安装及加电前查出。如果电源与地之间短路，系统中所有器件或设备都可能被毁坏，后果十分严重。所以，对电源与地的处理，在整个系统调试及今后的运行中都要相当小心。

如有现成的集成芯片性能测试仪器，此时应尽可能地将要使用的芯片进行测试筛选，其他的器件、设备在购买或使用前也应当尽可能做必要的测试，以便将性能可靠的器件、设备用于系统安装。

第三步为加电检查。当给印制板加电时，首先检查所有插座或器件的电源端是否有符合要求的电压值（注意，单片机插座上的电压不应该大于5V，否则联机时将损坏仿真器），接地端电压值是否接近于零，接固定电平的引脚端电平是否正确。然后在断电状态下将芯片逐个插入印制板上的相应插座中。每插入一块做一遍上述的检查，特别要检查电源到地是否短路，这样就可以确定电源错误或与地短路发生在哪块芯片上。全部芯片插入印制板后，如均未发现电源或接地错误，将全部芯片取下，把印制板上除芯片外的其他器件逐个焊接上去，并反复做前面的各电源、电压检查，避免因某器件的损坏或失效造成电源对地短路或其他电源加载错误。

第四步是联机检查。因为只有用单片机开发系统才能完成对用户系统的调试，而动态测试也需要在联机仿真的情况下进行。因此，在静态检查印制板、连接、器件等部分无物理性故障后，即可将用户系统与单片机开发系统用仿真电缆连接起米。联机检查上述连接是否正确，是否连接畅通、可靠。

静态调试完成后，接着进行动态调试。

（2）动态调试

动态调试是在用户系统工作的情况下发现和排除用户系统硬件中存在的器件内部故障、器件间连接逻辑错误等的一种硬件检查。由于单片机应用系统的硬件动态调试是在开发系统的支持下完成的，故又称为联机仿真或联机调试。

动态调试的一般方法是由近及远、由分到合。

由分到合指的是，首先按逻辑功能将用户系统硬件电路分为若干块，如程序存储器电路、A/D 转换电路、断电器控制电路，再分块调试。当调试某块电路时，与该电路无关的器件全部从用户系统中去掉，这样可将故障范围限定在某个局部的电路上。当各块电路调试无故障后，将各电路逐块加入系统中，再对各块电路功能及各电路间可能存在的相互联系进行试验。此时若出现故障，则最大可能是在各电路协调关系上出了问题，如交互信息的联络是否正确，时序是否达到要求等。直到所有电路加入系统后各部分电路仍能正确工作为止，由分到合的调试即告完成。在经历了这样一个调试过程后，大部分硬件故障基本上可以排除。

在有些情形下，由于功能要求较高或设备较复杂，使某些逻辑功能块电路较为复杂庞大，为故障的准确定位带来一定的难度。这时对每块电路可以以处理信号的流向为线索，将信号流经的各器件按照距离单片机的逻辑距离进行由近及远的分层，然后分层调试。调试时，仍采用去掉无关器件的方法，逐层依次调试下去，就可以将故障定位在具体器件上。

例如，调试外部数据存储器时，可按层先调试总线电路（如数据收发器），然后调试译码电路，最后加上存储芯片，利用开发系统对其进行读写操作，就能有效地调试数据存储器。显然，每部分出现的问题只局限在一个小范围内，因此有利于故障的发现和排除。

动态调试借用开发系统资源（单片机、存储器等）来调试用户系统中单片机的外围电路。利用开发系统友好的人机界面，可以有效地对用户系统的各部分电路进行访问、控制，使系统在运行中暴露问题，从而发现故障。典型有效的访问、控制各部分电路的方法是对电路进行循环读或写操作（时钟等特殊电路除外，这些电路通常在系统加电后会自动运行），使得电路中主要测试点的状态能够用常规测试仪器（示波器、万用表等）测试出，依次检测被调试电路是否按预期的工作状态进行。

2.软件调试

（1）软件调试的目的

软件调试主要解决以下问题：

①程序跳转错误

这种错误的现象是程序运行不到指定的地方，或发生死循环，通常是程序错误。对于计算程序，经过反复测试后，才能验证它的正确性。

②动态错误

用单步、断点仿真运行命令，一般只能测试目标系统的静态功能。目标系统的动态性能要用全速仿真命令来测试，这时应选中目标机中晶振电路工作。系统的动态性能范围很广，如控制系统的实时响应速度、显示器的亮度、定时器的精度等。若动态性能没有达到系统设计的指标，有的原因是元器件速度不够造成的，更多的是由于多个任务之间的关系处理不恰当引起的。

③加电复位电路的错误

排除硬件和软件故障后，将 EPROM 和 CPU 插上目标系统，若能正常运行，则应用系统的开发研制便完成。若目标机工作不正常，则主要是加电复位电路出现故障造成的，如 8031 没有被初始复位，则 PC 不是从 0000H 开始运行，故系统不会正常运行，必须及时检查加电复位电路。

（2）软件调试的基本方法

①先独立后联机

从宏观来说，单片机应用系统中的软件与硬件是密切相关、相辅相成的。软件是硬件的灵魂，没有软件，系统将无法工作；同时，大多数软件的运行又依赖于硬件，没有相应的硬件支持，软件的功能便荡然无存。因此，将两者完全孤立开来是不可能的。然而，并不是用户程序的全部都依赖于硬件，当软件对被测试参数进行加工处理或做某项事务处理时，往往是与硬件无关的。这样就可以通过对用户程序的仔细分析，把与硬件无关的、功能相对独立的程序段抽取出来，形成与硬件无关和依赖于硬件的两大类用户程序块。这一划分工作在软件设计时就应充分考虑。

②先分块后组合

如果用户系统规模较大、任务较多，即使先行将用户程序分为与硬件无关和依赖于硬件两大部分，但这两部分程序仍较为庞大的话，采用笼统的方法从头至尾调试，既费时间又不容易进行错误定位。所以，常规的调试方法是分别对两类程序块进一步采用分模块调试，以提高软件调试的有效性。

在调试时所划分的程序模块应基本保持与软件设计时的程序功能模块或任务一致。除非某些程序功能块或任务较大才将其再细分为若干个子模块。但要注意的是，子模块的划分与一般模块的划分应一致。

③先单步后连续

调试好程序模块的关键是实现对错误的正确定位。准确发现程序（或硬件电路）中错误的最有效方法是采用单步加断点运行方式调试程序。单步运行可以了解被调试程序中每条指令的执行情况，分析指令的运行结果可以知道该指令执行的正确性，并进一步确定是由于硬件电路错误、数据错误还是程序设计错误等引起了该指令的执行错误，从而发现、排除错误。

3. 系统联调

系统联调主要解决以下问题：

（1）软、硬件能否按预定要求配合工作，如果不能，那么问题出在哪里，如何解决？

（2）系统运行中是否有潜在的设计时难以预料的错误，如硬件延时过长造成工作时序不符合要求，布线不合理造成信号串扰等。

（3）系统的动态性能指标（包括精度、速度参数）是否满足设计要求。

4. 现场调试

一般情况下，通过系统联调后，用户系统就可以按照设计目标正常工作了。但在某些情况下，由于用户系统运行的环境较为复杂（如环境干扰较为严重、工作现场有腐蚀性气体等），在实际现场工作之前，环境对系统的影响无法预料，只能通过现场运行调试来发现问题，找出相应的解决方法；或者虽然已经在系统设计时考虑到抗干扰的对策，但是否行之有效，还必须通过用户系统在实际现场的运行来加以验证。另外，有些用户系统的调试是在用模拟设备代替实际监测、控制对象的情况下进行的，这就更有必要进行现场调试，以检验用户系统在实际工作环境中工作的正确性。

第四章　PLC控制系统设计研究

第一节　PLC应用系统软件设计与开发的过程

在进行应用系统软件设计开发的过程中，需要经历许多阶段和环节，当PLC应用系统的应用软件开发完成后，能否达到预期的结果？能否操作安全、可靠、方便令用户满意，要依赖于软件开发过程中各个环节的指导思想是否明确？工作是否扎实？大量的PLC应用系统的应用软件开发的实践表明：应用软件开发的好与坏直接关系到PLC控制系统的成败。如何保证应用软件开发的质量，尽可能减少错误，若出了错能明确在什么环节出了错，以便迅速修正，这就要求软件开发者应该对软件开发过程中所经历的这些环节有一个明确清醒的认识。PLC应用系统软件设计开发过程中，各个主要环节之间的关系描述，如图4-1所示。

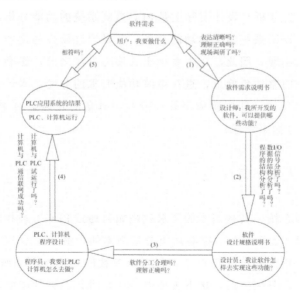

图4-1 PLC应用系统软件设计与开发主要环节间的关系

第二节　应用软件设计的内容

PLC应用软件的设计是一项十分复杂的工作，它要求设计人员既要有PLC、计算机程序设计的基础，又要有自动控制的技术，还要有一定的现场实践经验。

首先设计人员必须深入现场，了解并熟悉被控对象（机电设备或生产过程）的控制要求，明确采用PLC控制系统必须具备的功能，为应用软件的编制提出明确的要求和技术指标，并形成软件需求说明书。在此基础上进行总体设计，将整个软件根据功能的要求分成若干个相对独立的部分，分析它们之间在逻辑上、时间上的相互关系，使设计出的软件在总体上结构清晰、简洁、流程合理，保证后继的各个开发阶段及其软件设计规格说明书的完全性和一致性。然后在软件规格说明书的基础上，选择适当的编程语言，进行程序设计。所以一个实用的PLC软件工程的设计通常要涉及以下几个方面的内容：

（1）PLC软件功能的分析与设计；

（2）I/O信号及数据结构分析与设计；

（3）程序结构分析与设计；

（4）软件设计规格说明书编制；

（5）用编程语言、PLC指令进行程序设计；

（6）软件测试；

（7）程序使用说明书编制。

一、功能的分析与设计

PLC软件功能的分析与设计实际上是PLC控制系统的功能分析与设计中的一个重要组成部分。对于控制系统的整体功能要求，可以通过硬件的途径、软件的途径或者软硬结合的途径来实现。因此，在未着手正式编写程序之前，必须要进行的第一件事就是站在控制系统的整体角度上，进行系统功能要求的分配，弄清楚哪些功能是要通过软件的执行来实现的，即明确应用软件所必须具备的功能。对于一个实用的软件，大体上可以从3个方面来考虑：

1.控制功能；

2.操作功能（人-机界面）；

3.自诊断功能。

作为PLC控制系统，其最基本的要求就是如何通过PLC对被控对象实现人们所希望的控制，所以以上3个方面，控制功能是最基本的，必不可少的。对于一些简单的PLC控制系统或许仅此功能就可以了，但对于多数的PLC控制系统却是远远不够的。在进行功能的分析、分配之后，接下去要做的就是进行具体功能的设计，对于不同的PLC控制系统，有着不同的具体要求，其主要的依据是根据被控对象和生产工艺要求而定。设计时一定要进行详尽的调查和研究，搞清被控设备的动作时序、控制条件、控制精度等，作出明确具体的规定，分析这些规定是否合理、可行。如果经过分析后，认为做不到，那就要对其修订，其中也可能包括与之配合的硬件系统，直至所有的控制功能都被证明是合理可行为止。

第二部分是操作功能。随着PLC应用的不断深入，PLC不再单机控制，为了要实现自动化车间或工厂，往往采用的是包括有计算机、PLC的多级分布式控制系统。这时为便于操作人员的操作，就需要有友善的人机对话界面。系统的规模越大，自动化程度越高，对这部分的要求也越高。

第三部分自诊断功能。它包括PLC自身工作状态的自诊断和系统中被控设备工作状态的自诊断两部分。对于前者可利用PLC自身的一些信息和手段来完成。对于后者，则可以通过分析被控设备接收到的控制指令及被控动作的反馈信息，来判断被控设备的工作状态。如果有故障发生，则以电、声、光报警，并通过计算机还可显示发生故障的原因以及处理故障的方法和步骤。

当然自诊断功能的设计，并不是每个PLC系统都是必需的，如果有条件的话，设计良好的自诊断功能与操作功能相结合，可以给系统的调试和维护带来极大的方便。

二、I/O信号及数据结构分析与设计

PLC的工作环境是工业现场，在工业现场的检测信号是多种多样的，有模拟量，也有开关量，PLC就以这些现场的数据作为对被控对象进行控制的信息。同时PLC又将处理的结果送给被控设备或工业生产过程，驱动各种执行机构实现控制。因此I/O信息分析任务，就是对后面程序编程所需的I/O信号进行详细的分析和定义，并以I/O信号表的形式提供给编程人员。

（一）I/O信号分析的主要内容

1.定义每一个输入信号并确定它的地址

可以以输入模板接线图的方式给出，图中应包含有对每一输入点的简洁说明。同样可以以I/O信号表的形式给出。

2.定义每一个输出信号并确定它的地址

可以以输出模板接线图的方式给出，图中同样也应包含有对每一输出点的简洁说明。同样可以以I/O信号表的形式给出。

3.审核上述的分析设计是否能满足系统规定的功能要求

若不满足，则须修改，直至满足为止。

数据结构设计：

数据结构设计的任务，就是对程序中的数据结构进行具体的规划和设计，合理地对内存进行估算，提高内存的利用率。

PLC应用程序所需的存储空间，与内存利用率、I/O点数、程序编写的水平有关。通常我们把系统中I/O点数和存放用户机器语言程序所占内存数之比称内存利用率，

高的内存利用率，可使同样的程序减少内存投资，还可以缩短扫描周期时间，从而提高系统的响应速度，同样用户编写程序的优劣对程序的长短和运行时间都有很大的影响。而数据结构的设计直接关系到后面的编程质量。

（二）数据结构设计的主要内容

1.按照软件设计的要求，将PLC的数据空间做进一步的划分，分为若干个子空间，并对每一个子空间进行具体的定义。当然这要以功能算法、硬件设备要求、预计的程序结构和占有量为依据综合考虑来决定的。

2.应为每一个子空间留出适当的裕量，以备不可预见的使用要求。

3.规定存放子空间的数据存放方式、编码方式和更改时的保护方法。

4.在采用模块化程序设计时，最好对每一个（若做不到，则对某些个）程序块规定独立的中间结果存放区域，以防混用给程序的调试及可靠的运行带来不必要的麻烦，当然对于公用的数据也应考虑它的存放空间。

5.为了明晰起见，数据结构的设计可以以数据结构表的形式给出，其中明确规定各子空间的名称、起始地址、编码方式、存放格式等。

I/O信号及数据结构的分析与设计为PLC程序编程提供了重要的依据。

三、程序结构分析和设计

模块化的程序设计方法，是PLC程序设计和编制的最有效、最基本的方法。程序结构分析和设计的基本任务就是以模块化程序结构为前提，以系统功能要求为依据，按照相对独立的原则，将全部应用程序划分为若干个"软件模块"，并对每一"模块"，提供软件要求、规格说明。

一般应以某一或某组功能要求为前提，确定这些"独立"的软件模块。模块的划分不宜过大，过大的模块常失去模块化程序设计的优点，只具有软件分工的含义。当某一功能要求的程序模块必须很大时，应人为地将其分解为若干个子模块。子模块的规模，没有具体的规定，若在计算机上开发的话，大约在3~5个梯形图的页面为宜。

软件设计常采用"自顶而下"的设计方法（Top To Down），只给出软件模块的定义和说明。子模块的划分大多是在程序设计的阶段由编程人员自行完成的。

四、软件设计规格说明书编制

（一）技术要求

1.整体应用软件功能要求；

2.软件模块功能要求；

3.被控设备（生产过程）及其动作时序、精度、计时（计数）和响应速度要求；

4.输入装置、输入条件、执行装置、输出条件。

（二）程序编制依据

1.输入模块和输出模块接口或I/O信号表（公共）；

2.数据结构表（其中包括通信数据传送格式命令和响应等）（公共）。

（三）软件测试

1.模块单元测试原则；

2.特殊功能测试的设计；

3.整体测试原则。

五、用编程语言进行程序设计

1.框图设计；

2.程序编制；

3.程序测试；

4.编写程序说明书。

六、软件测试

在长期的软件开发实践中，人们积累了许多成功的经验，同时也总结出许多失败的教训。在此过程中，软件测试的重要性正逐渐被人们所认识，现在软件测试成本在整个软件开发成本中已占有很高的比重。

软件不同于硬件，它是看不见、摸不着的逻辑程序，与人的思维有着密切的关系。即使是一个非常有经验的程序设计员，也很难保证他的思维是绝对周密的，大量的实践表明：在软件开发过程中要完全避免出错是不可能的，也是不现实的，问题在于如何及时地开发和排除明显的或隐匿的错误。这就需要做好软件的测试工作。软件测试的内容很多，各种不同的软件也有不同的测试方法和手段，但它们测试的内容大体相同。

1.检查程序按照需求规格说明书检查程序。

2.寻找程序中的错误寻找程序中隐藏的有可能导致失控的错误。

3.测试软件测试软件是否满足用户需求。

4.程序运行限制条件与软件功能程序运行的限制是什么，弄清该软件不能做什么。

5.验证软件文件验证软件有关文件。

为了保证软件的质量能满足以上的要求，通常可以按单元测试、集成测试、确认测试和现场系统测试这4个步骤来完成。

七、程序使用说明书编制

当一项软件工程完成后为了便于用户和现场调试人员的使用，应对所编制的程序进行说明。通常程序使用说明书应包括程序设计的依据、结构、功能、流程图，各项功能单元的分析，PLC的I/O信号，软件程序操作使用的步骤、注意事项，对程序中需要测试的必要环节或部分进行注释。实际上说明书就是一份软件综合说明的存档文件。

第三节　PLC程序设计的常用方法

在工程中，对PLC应用程序的设计有多种方法，这些方法的使用，也因各个设计人员的技术水平和喜好有较大差异。现将常用的几种应用程序的设计方法简要介绍如下。

一、经验设计法

在一些典型的控制环节和电路的基础上，根据被控对象对控制系统的具体要求，凭经验进行选择、组合。有时为了得到一个满意的设计结果，需要进行多次反复地调试和修改，增加一些辅助触点和中间编程元件。这种设计方法没有一个普遍的规律可遵循，具有一定的试探性和随意性，最后得到的结果也不是唯一的，设计所用的时间、设计的质量与设计者的经验的多少有关。

经验设计法对于一些比较简单的控制系统的设计是比较奏效的，可以收到快速、简单的效果。但是，由于这种方法主要是依靠设计人员的经验进行设计，所以对设计人员的要求也比较高，特别是要求设计者有一定的实践经验，对工业控制系统和工业上常用的各种典型环节比较熟悉。对于较复杂的系统，经验法一般设计周期长，不易掌握，系统交付使用后，维护困难，所以，经验法一般只适合于较简单的或与某些典型系统相类似的控制系统的设计。

二、逻辑设计法

工业电气控制线路中，有不少都是通过继电器等电器元件来实现。而继电器，交流接触器的触点都只有两种状态即吸合和断开，因此，用"0"和"1"两种取值的逻辑代数设计电器控制线路是完全可以的。PLC的早期应用就是替代继电器控制系统，因此用逻辑设计方法同样也可以适用于PLC应用程序的设计。

当一个逻辑函数用逻辑变量的基本运算式表达出来后，实现这个逻辑函数的线路也就确定了。当这种方法使用熟练后，甚至梯形图程序也可省略，可以直接写出与逻辑函数和表达式对应的指令语句程序。

用逻辑设计法设计PLC应用程序的一般步骤如下：

1.编程前的准备工作同前第二节中所述；

2.列出执行元件动作节拍表；

3.绘制电气控制系统的状态转移图；

4.进行系统的逻辑设计；

5.编写程序；

6.对程序检测、修改和完善。

三、顺序控制设计法

顺序控制设计法最基本的思想是将系统的一个工作周期划分为称为步的若干个顺序相连的阶段，并用编程元件（例如位存储器 M 和顺序控制继电器 S）来代表各步。用转换条件控制代表各步的编程元件，让它们的状态按一定的顺序变化，然后用代表各步的编程元件去控制 PLC 的各输出位。

引入二类对象的概念使转换条件与操作动作在逻辑关系上分离。步序发生器根据转换条件发出步序标志，而步序标志再控制相应的操作动作。步序类似于令牌，只有取到令牌，才能操作相应的动作。

经验设计法通过记忆、联锁、互锁等方法来处理复杂的输入输出关系，而顺序控制设计法则是用输入控制代表各步的编程元件（如位存储器 M），再通过编程元件来控制输出，从而实现了输入/输出的分离，两种程序设计方法如图4-2所示。

图 4-2 两种程序设计方法

第四节　PLC程序设计步骤

根据可编程序控制器系统硬件结构和生产工艺要求，在软件规格说明书的基础上，用相应的编程语言指令，编制实际应用程序并形成程序说明书的过程就是程序设计。

一、程序设计步骤

PLC程序设计一般分为以下几个步骤：

（1）程序设计前的准备工作；

（2）程序框图设计；

（3）程序测试；

（4）编写程序说明书。

（一）程序设计前的准备工作

程序设计前的准备工作大致可分为3个方面。

1.了解系统概况，形成整体概念

这一步的工作主要是通过系统设计方案和软件规格说明书了解控制系统的全部功

能、控制规模、控制方式、输入/输出信号种类和数量、是否有特殊功能接口、与其他设备的关系、通信内容与方式等。没有对整个控制系统的全面了解，就不能对各种控制设备之间的关联有真正的理解，闭门造车和想当然地编程序，编出的程序拿到现场去运行，肯定问题百出，不能使用。

2.熟悉被控对象、编出高质量的程序

这一步的工作是通过熟悉生产工艺说明书和软件规格说明书来进行的。可把控制对象和控制功能分类，按响应要求、信号用途或者按控制区域划分，确定检测设备和控制设备的物理位置，深入细致地了解每一个检测信号和控制信号的形式、功能、规模、其间的关系和预见以后可能出现的问题，使程序设计有的放矢。

在熟悉被控对象的同时，还要认真借鉴前人在程序设计中的经验和教训，总结各种问题的解决方法，包括：哪些是成功的，哪些是失败的，原因是什么。总之，在程序设计之前，掌握的东西越多，对问题思考得越深入，程序设计就会越得心应手。

3.充分利用手头的硬件和软件工具

例如，硬件工具有编程器、GPC（图形编程器）、FIT（工厂智能终端）；编程软件有LSS、SSS、CPT、CX-Programmer、西门子STEP7等。如果是利用计算机编程，可以大大提高编程的效率和质量。

（二）程序框图设计

这步的主要工作是根据软件设计规格书的总体要求和控制系统具体情况，确定应用程序的基本结构、按程序设计标准绘制出程序结构框图；然后再根据工艺要求，绘制出各功能单元的详细功能框图。如果有人已经做过这步工作，最好拿来借鉴一下。有的系统的应用软件已经模块化，那就要对相应程序模块进行定义，规定其功能，确定各块之同连接关系，然后再绘制出各模块内部的详细框图。框图是编程的主要依据，要尽可能地详细。如果框图是别人设计的，一定要设法弄清楚其设计思想和方法。这步完成之后，就会对全部控制程序功能实现有一个整体概念。

（三）编写程序

编写程序就是根据设计出的框图逐条地编写控制程序，这是整个程序设计工作的核心部分。梯形图语言是最普遍使用的编程语言，编写程序过程中要及时对编出的程序进行注释，以免忘记其间相互关系，要随编随注。注释要包括程序的功能、逻辑关系说明、设计思想、信号的来源和去向，以便调试人员阅读和调试。

（四）程序测试

程序测试是整个程序设计工作中一项很重要的内容，它可以初步检查程序的实际效果。程序测试和程序编写是分不开的，程序的许多功能是在测试中修改和完善的。测试时先从各功能单元入手，设定输入信号，观察输出信号的变化情况，必要时可以借用某些仪器仪表。各功能单元测试完成后，再贯通全部程序，测试各部分的接口情况，直到满意为止。程序测试可以在实验室进行，也可以在现场进行。如果是在现场进行程序测试，那就要将可编程序控制器系统与现场信号隔离，可以使用暂停输入输出服务指令，也可以切断输入输出模板的外部电源，以免引起不必要的，甚至可能造成事故的机械设备动作。

（五）编写程序说明书

程序说明书是对程序的综合说明，是整个程序设计工作的总结。编写程序说明书的目的是便于程序的使用者和现场调试人员使用。对于编程人员本人，程序说明书也是不可缺少的，它是整个程序文件的一个重要组成部分。在程序说明书中通常可以对程序的依据即控制要求、程序的结构、流程图等给予必要的说明，并且给出程序使用的安装操作及使用步骤等。

二、程序设计流程图

根据上述的步骤，现给出 PLC 程序设计流程图，如图 4-3 所示。

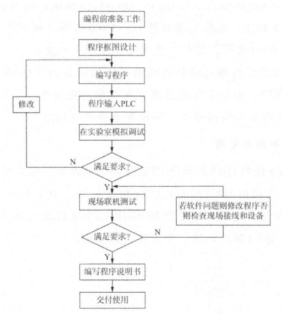

图 4-3 PLC 程序设计流程图

第五节　经验设计法

经验设计法的定义如前所示，下面介绍经验设计法常用的典型梯形图电路。

一、梯形图中的基本电路

（一）启保停电路

图 4-4 启保停电路

图4-4所示电路中，按下I0.0，其常开触点接通，此时没有按下I0.1，其常闭触点是接通的，Q0.0线圈通电，同时Q0.0对应的常开触点接通。如果放开I0.0，"能流"经Q0.0常开触点和I0.1常闭触点流过Q0.0，Q0.0仍然接通，这就是"自锁"或"自保持"功能。如果按下I0.1，其常闭触点断开，Q0.0线圈"断电"，其常开触点断开，此后即使放开I0.1，Q0.0也不会通电，这就是"停止"功能。

通过分析，可以看出这种电路具备启动（I0.0）、保持（Q0.0）和停止（I0.1）的功能，这也是"启保停"电路名称的由来。在实际的电路中，启动信号和停止信号可能由多个触点或者比较等其他指令的相应位触点串并联构成。

（二）延时接通和断开电路

图4-5所示为I0.0控制Q0.1的梯形图电路，当I0.0常开触点接通后，第一个定时器开始定时，10s后其输出M0.0接通，Q0.1输出接通，由于此时I0.0常闭触点断开，所以第二个定时器未开始定时。当断开I0.0，第二个定时器开始定时，5s后其输出接通，常闭触点断开，Q0.1断开，第二个定时器被复位。

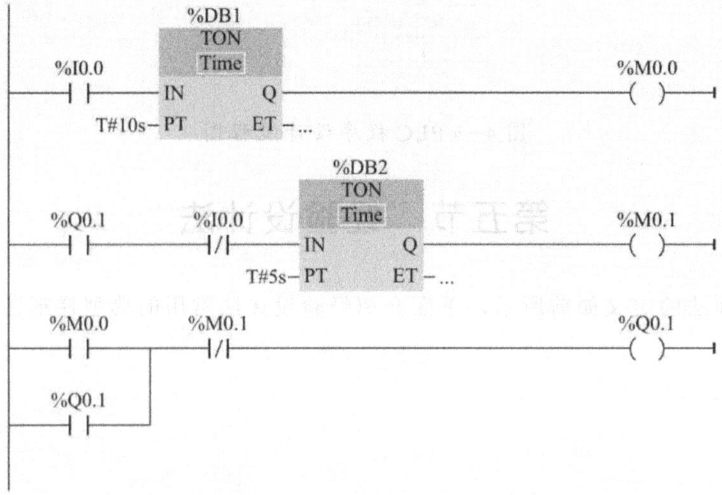

图 4-5 延时接通/断开电路

（三）闪烁电路

图4-6所示的闪烁电路，如果10.0接通，其常开触点接通，第二个定时器（T2）未启动，则其输出M0.1对应的常闭触点接通，第一个定时器（T1）开始定时。当T1定时器时间未到时，T2无法启动，Q0.0为0.10s后定时时间到，T1的输出M0.0接通，其常开触点接通，Q0.0接通，同时T2开始定时，5s后T2定时时间到，其输出MO，1接通，其常闭触点断开，使T1停止定时，M0.0的常开触点断开，Q0.0就断开，同时使T2断开，MO，1的常闭触点接通，T1又开始定时，周而复始，Q0.0将周期性地"接通"和"断开"，直到10.0断开，Q0.0线圈"接通"和"断开"的时间分别等于T2和T1的定时时间。

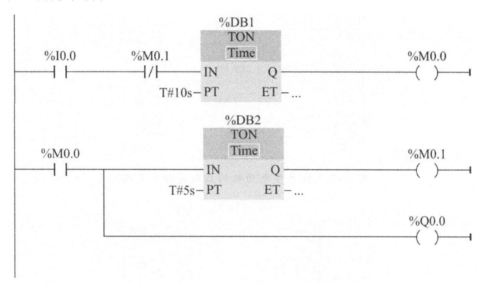

图4-6 闪烁电路

闪烁电路也可以看作是振荡电路，在实际PLC编程中具有广泛的应用。

经验设计法没有固定的方法和步骤可以遵循，具有很大的试探性和随意性，最后的结果也不是唯一的，设计程序的质量与设计者的经验有很密切的关系，通常需要反复调试和修改，增加一些中间环节的编程元件和触点，最后才能得到一个较为满意的结果。

二、梯形图的经验设计法

（一）三相异步电动机的正反转控制电路

图4-7是三相异步电动机的正反转控制线路，其控制原理如前所示。

图4-8和图4-9是实现相同功能的PLC的外部接线图和梯形图。将继电器电路图转换为梯形图时，首先应确定PLC的输入信号和输出信号。3个按钮提供操作人员发出的指令信号，按钮信号必须输入到PLC中去，热继电器的常开触点提供了PLC的另一个输入信号。显然，两个交流接触器的线圈是PLC输出端的负载。

　　画出 PLC 的外部接线图后，同时也确定了外部输入/输出信号与 PLC 内的过程映像输入/输出位的地址之间的关系。可以将继电器电路图"翻译"为梯形图，即常用与图 4-7 中的继电器电路完全相同的结构来画梯形图。各触点的常开、常闭的性质不变，根据 PLC 外部接线图中给出的关系，来确定梯形图中各触点的地址。图 4-7 中 SB1 和 FR 的常闭触点串联电路对应于图 4-9 中的 I0.2 的常闭触点。

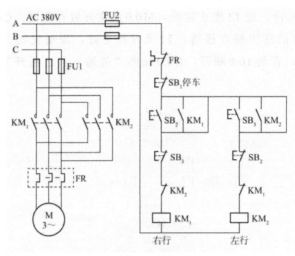

图 4-7 三相异步电动机的正反转控制线路

图 4-8 PLC 的外部接线图

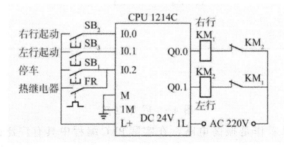

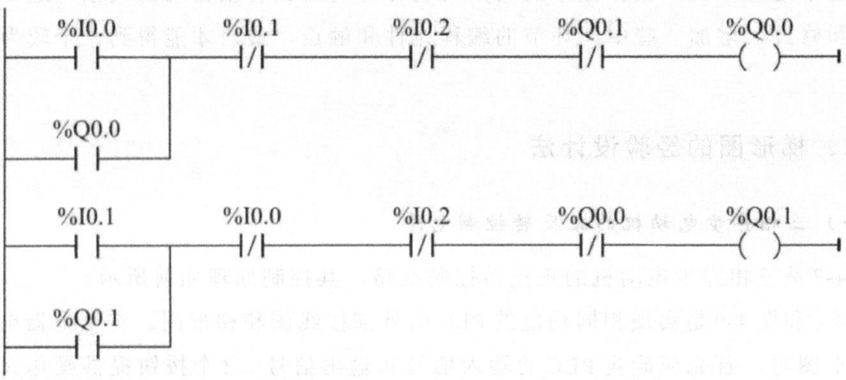

图 4-9 梯形图

图 4-9 使用了 Q0.0 和 Q0.1 的常闭触点组成的软件互锁电路。如果没有图 4-8 的硬

件互锁电路，从正转马上切换到反转时，由于切换过程中电感的延时作用，可能会出现原来接通的接触器的主触点还没有断弧，另一个接触器的主触点已经合上的现象，从而造成电源瞬间短路的故障。

此外，如果没有硬件互锁电路，并且主电路电流过大或接触器质量不好，某一接触器的主触点被断电时产生的电弧熔焊而被粘接，其线圈断电后主触点仍然是接通的，这时如果另一个接触器的线圈通电，也会造成三相电源短路故障。为了防止出现这种情况，应在PLC外部设置由KM_1和KM_2的辅助常闭触点组成的硬件互锁电路（见图4-8）。这种互锁与图4-7的继电器电路的互锁原理相同。

（二）小车自动循环往返控制程序的设计

异步电动机的主电路与图4-7中相同。在图4-8的基础上，增加了接在I0.3和I0.4输入端子的左限位开关SQ_1和右限位开关SQ_2的常开触点（见图4-10）。

按下右行启动按钮SB_2或左行启动按钮SB_3后要求小车在两个限位开关之间不停地循环往返，按下停止按钮SB_1后，电动机断电，小车停止运动。可以在三相异步电动机正反转继电器控制电路的基础上，设计出满足要求的梯形图，如图4-11所示。

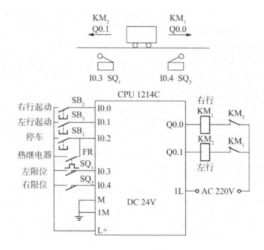

图4-10　PLC的外部接线图

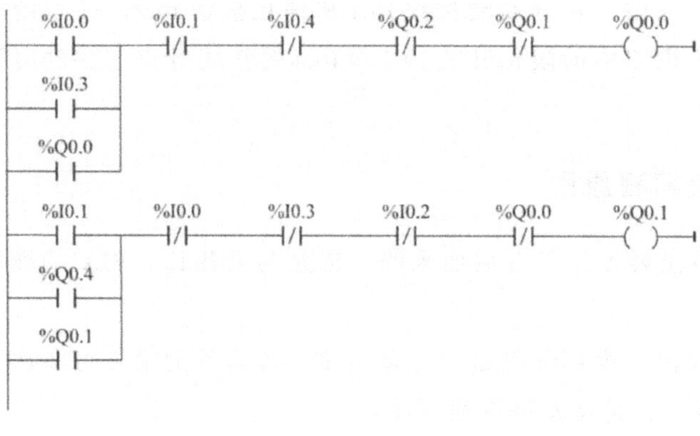

图4-11　小车自动循环往返的梯形图

这种控制方法适用于小容量的异步电动机，并且自动循环不能太频繁，否则电动机将会过热。

（三）较复杂的小车自动运行控制程序的设计

PLC的外部接线图与图4-10相同。小车开始时停在左边，左限位开关SQ1的常开触点闭合。要求按下列顺序控制小车：

1.按下右行启动按钮，小车开始右行。

2.运动到右限位开关处，小车停止运动，延时8s后开始左行。

3.回到左限位开关处，小车停止运动。

在异步电动机正反转控制电路的基础上设计出满足上述要求的梯形图如图4-12所示。

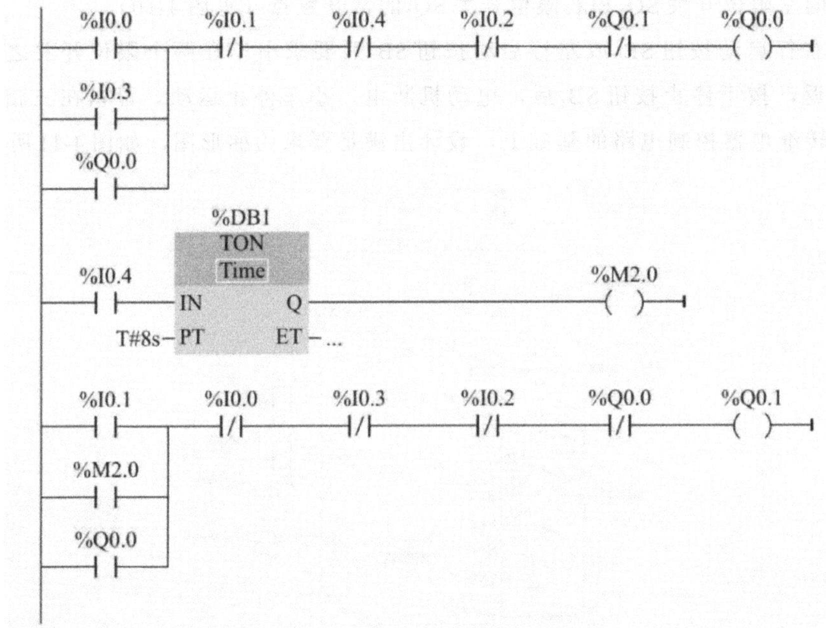

图4-12 梯形图

在梯形图中，保留了左行启动按钮I0.1和停止按钮I0.2，使系统有手动操作的功能。串联在起保停电路中的限位开关I0.3和I0.4的常闭触点在手动时可以防止小车的运动超限。

三、PLC的编程原则

PLC是由继电接触器控制发展而来的，但是与之相比，PLC的编程应遵循以下基本原则。

1.外部输入/输出、内部继电器（位存储器）等器件的触点可多次重复使用。

2.梯形图的每一行是从左侧母线开始。

3.线圈不能直接与左侧母线相连。

4.梯形图程序必须顺序执行的原则，即从左到右、从上到下地执行，不按顺序执行的电路不能直接编程。

5.应尽量避免双线圈输出。使用线圈输出指令时，同一编号的线圈指令在同一程序中使用两次以上，称为双线圈。双线圈输出容易引起误动作或逻辑混乱，因此一定要慎重。

图4-13所示，设I0.0为ON，I0.1为OFF。由于PLC是按扫描方式执行程序的，执行第一行时Q0.0对应的输出映像寄存器为ON，而执行第二行时Q0.0对应的输出映像寄存器为OFF。本次扫描程序的结果是，Q0.0的输出状态是OFF。显然Q0.0前面的输出状态无效，最后一次输出才是有效的。

图4-13 双线圈输出的例子

第六节　使用数据块、结构化编程和使用组织块

一、使用数据块

用户程序中除了逻辑程序外，还需要对存储过程状态和信号信息的数据进行处理。数据以变量的形式存储，通过存储地址和数据类型来确保数据的唯一性。

数据的存储地址包括I/O映像区、位存储器、局部存储区和数据块等。数据块包括用户程序中使用的变量数据，用来保存用户数据，需要占用用户存储器的空间。

用户程序可以以位、字节、字或双字形式访问数据块中的数据，可以使用符号或绝对地址。

根据使用方法，数据块可以分为全局数据块（也称为共享数据块）和背景数据块。用户程序的所有逻辑块（包括0B1）都可以访问全局数据块中的信息，而背景数据块只分配给特定的FB，仅在所分配的FB中使用。

全局数据块用于存储全局数据，所有的逻辑块都可以访问所存储的信息。用户需要编辑全局数据块，通过在数据块中声明必需的变量以存储数据。

背景数据块是FB的"私有存储区"，FB的参数和静态变量安排在它对应的背景数据块中。背景数据块不是由用户编辑的，而是由编辑器自动生成的。

（一）定义数据块

在项目视图左侧项目树中的PLC设备项下双击"程序块"下的"添加新块"，打开"添加新块"对话框。点击左侧的"数据块（DB）"选择添加数据块，类型选择

"全局DB"，编号建议选择"自动"分配，默认情况下自动勾选了"仅符号访问"，能够最优化分配数据块所占的存储区，但是若要与HMI进行通信，则不能勾选"仅符号访问"项。

数据块也需要下载到CPU中，单击工具栏中的下载按钮进行下载，也可以通过选中项目树中的PLC设备统一下载。

单击数据块工具栏中的"全部监视"按钮，可以在线监视数据块中变量的当前值（CPU中的变量的值）。

使用全局数据块中的区域进行数据的存取时，一定要先在数据块中正确地给变量命名，特别要注意变量的数据类型应匹配。

有以下两点需要说明：

1.通过设置"仅符号访问"，可指定全局数据块的变量声明方式，即仅符号方式或者符号方式和绝对方式混用。如果启用"仅符号访问"，则只能通过输入符号名来声明变量，这种情况下会自动寻址变量，从而以最佳方式利用存储容量。如果未启用"仅符号访问"，变量将获得一个固定的绝对地址，存储区的分配取决于所声明变量的地址。

2.如果启用了符号访问，则可指定全局数据块中各变量的保持性。如果将变量定义为具有保持性，则该变量会自动存储在全局数据块的保持性存储区中。如果在全局数据块中禁止用"仅符号访问"，则无法指定各变量的保持性。在这种情况下，保持性设置对全局数据块的所有变量均有效。

（二）访问数据块

数据块用来存储过程的数据和相关的信息，用户程序中需要对数据块中的数据进行访问。由前面可以看到，访问数据单元有两种方法：符号寻址和绝对地址寻址。符号寻址通常是最简便的，但是在某些特殊情况下系统不支持符号寻址，则只能使用绝对地址寻址。

下面先介绍数据块的数据单元示意图，这是绝对地址选址的基础。

数据块的数目和最大块长度依赖于CPU的型号。S7-300数据块的是8KB（字节），S7-400的最大块长度是64KB。

数据块中的数据单元按字节进行寻址，图4-14所示为数据块的数据单元示意图。可以看出，数据块就像一个大柜子，每个字节类似于一个抽屉，存放8个位的数据。对数据块的直接寻址和前面介绍的存储区寻址是类似的，数据块位数据的绝对地址寻址格式为：DB3、DBX4.1，其中DB3表示数据块的编号，点后面的DB表示寻址数据块地址，X表示寻址位数据，4表示位寻址的字节地址，1表示寻址的位数。数据块字节、字和双字数据的绝对地址寻址格式为：DB10、DBB0、DB10、DBW2、DB1、DBD2，其中DB10，DB1表示数据块编号，点后面的DB表示寻址数据块，最后的数字0、2、2表示寻址的起始字节地址，B、W、D分别表示寻址宽度为一个字节、一个字、一个双字。各字节、字和双字的寻址示意图如图4-14所示。

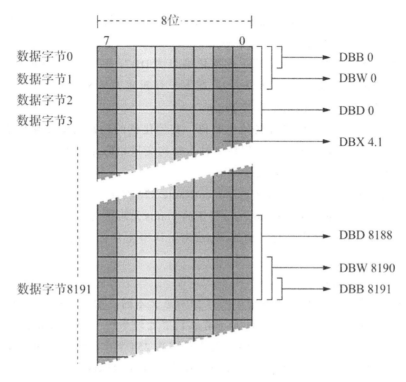

图 4-14 数据单元示意图

在用户程序中使用绝对地址寻址时，一定要结合指令和数据块的符号列表仔细核对绝对地址和数据类型。

（三）复杂数据类型的使用

复杂数据类型是由其他数据类型组成的数据组，不能将任何常量用作为复杂数据数据类型的实数，也不能将任何绝对地址作为实参传送给复杂数据类型。下面通过几个例子说明复杂数据类型的定义和使用。

1.数组（Array）

Array 数据类型表示的是由固定数目的同一数据类型的元素组成的一个域。一维数组声明的形式为如下。

域名：ARRAY［最小索引..最大索引］OF 数据类型；

如一维数组：

MeasurementValue：ARRAYfl..10] OF REAL；

数组声明中的索引数据类型为 INT，其范围为-32768～32767，这也就反映了数组的最大数目。

新建一个全局数据块"blk10"，数据块编号为 DB6，不选择"仅符号访问"，新建变量 MeasurementValue 和 TestValue，数据类型选择 Array，修改类型为 Real，数组上下限分别修改为 1～10 和-5～5。

2.结构（Struct）

Struct 数据类型表示一组指定数目的数据元素,而且每个元素可以具有不同的数据类型。S7-1200 中结构型变量不支持嵌套。

新建一个全局数据块"blk20",数据块编号为 DB7,不选择"仅符号访问",新建变量 MotorPara,数据类型选择 Struct,在下一行新建变量 Speed 类型为 Real,继续新建 Bool 型变量 Status 和 Real 型变量 Temp。

结构元素可以在声明中进行初始化赋值,初始化值的数据类型必须与结构元素的数据类型相一致,在扩展模式的数据块中输入结构变量相应元素的初始值。

可以使用下列方式来访问结构元素:

StructureName(结构名称),ComponentName(结构元素名称)

例如访问数据块 blk20 中 MotorPara 变量的 Status 元素的方法为:blk20,MotorPara,Status,blk20 为数据块名称,MotorPara 为结构型变量,Status 为结构型变量中的元素。

3.字符串(String)

String 数据类型变量是可以存储字符串如消息文本的。通过字符串数据类型变量,在 S7CPU 里就可以执行一个简单的"(消息)字处理系统"。String 数据类型的变量将多个字符保存在一个字符串中,该字符串最多由 254 个字符组成。每个变量的字符串最大长度可由方括号中的关键字 STRING 指定(如 STRING [4])。如果省略了最大长度信息,则为相应的变量设置 254 个字符的标准长度。在存储器中,String 数据类型的变量比指定最大长度多占用两个字节,在存储区中前两个字节分别为总字符数和当前字符数。

新建一个全局数据块"blk30",数据块编号为 DB8,不选择"仅符号访问",新建变量 ErrMsg,数据类型选择 String,在下一行新建变量 tagl,类型选择并输入为 String [10],表示该变量包含 10 个字符。

字符串变量可以在声明的时候用初始文本对 String 数据类型变量进行初始化。字符串变量的声明方法为:

字符串名称,STRING [最大数目]

如果用 ASCII 编码的字符进行初始化,则该 ASCII 编码的字符必须要用单引号括起来,而如果包含那些用于控制术语的特殊字符,那么必须在这些字符前面加字符($)。

可以使用的特殊字符有:$$(简单的美元字符)、$L(换行符)、$P(换页符)、$R(回车符)、$T(空格符)。

对字符串变量的访问,可以访问字符串 String 变量的各个字符,还可以使用扩展指令中的字符串项下的字符指令来实现对字符串变量的访问和处理。

String 数据类型的变量具有最大 256 个字节的长度,因此可以接收的字符数达 254 个,称为"净数"。

变量 ErrMsg 的长度为默认的 254 个字符,每个字符占用存储区的 1 个字节,又因为在存储器中,String 数据类型的变量比指定最大长度多占用 2 个字节。

4.长格式日期和时间（DTL）

DTL数据类型表示了一个日期时间值，共12个字节。

新建一个全局数据块"blk40"，数据块编号为DB9，不选择"仅符号访问"，新建变量tag5，数据类型选择DTL。

可以在声明部分为变量预设一个初始值。初始值必须具有如下形式：

DTL#年—月—日—周—小时—分钟—秒—毫秒

二、使用组织块

组织块OB是操作系统与用户程序的接口，由操作系统调用。组织块中除可以用来实现PLC扫描控制以外，还可以完成PLC的启动、中断程序的执行和错误处理等功能。熟悉各类组织块的使用对于提高编程效率有很大的帮助。

（一）事件和组织块

事件是S7-1200PLC操作系统的基础，有能够启动OB和无法启动OB两种类型的事件。能够启动OB的事件会调用已分配给该事件的OB或者按照事件的优先级将其输入队列，如果没有为该事件分配OB，则会触发默认系统响应。无法启动OB的事件会触发相关事件类别的默认系统响应。因此，用户程序循环取决于事件和给这些事件分配的OB，以及包含在OB中的程序代码或者在OB中调用的程序代码。

（二）启动组织块

接通CPU后，S7-1200PLC在开始执行循环用户程序之前首先执行启动程序。通过适当编写启动OB，可以在启动程序中为循环程序指定一些初始化变量。对启动OB的数量没有要求，即可以在用户程序中创建一个或多个启动OB，或者一个也不创建。启动程序由一个或多个启动OB（OB编号为100或大于等于200）组成。

S7-1200PLC支持三种启动模式：不重新启动模式、暖启动-RUN模式和暖启动一断电前的工作模式。不管选择哪种启动模式，已编写的所有启动OB均会执行。

S7-1200暖启动期间，所有非保持性位存储器内部都将删除并且非保持性数据块内部将复位为来自转载存储器的初始值。保持性位存储器和数据块内容将保留。

启动程序在从"STOP"模式切换到"RUN"模式期间执行一次。输入过程映像中的当前值对于启动程序不能使用，也不能设置。启动OB执行完毕后，将读入输入过程映像并启动循环程序。启动程序的执行没有时间限制。

当启动OB被操作系统调用时，用户可以在局部数据堆栈中获得规范化的启动信息。

（三）循环中断组织块

循环中断组织块用于按一定时间间隔循环执行中断程序，例如周期性地定时执行闭环控制系统的PID运算程序等。循环中断OB与循环程序执行无关。循环中断OB的启动时间通过循环时间基数和相应偏移量来指定。循环时间基数定义循环中断OB启动的时间间隔，是基本时钟周期1ms的整数倍，循环时间的设置范围为1～60000ms。相应偏移量是与基本时钟周期相比启动时间所偏移的时间。如果使用多个循环中断OB，当这些循环中断OB的时间基数有公倍数时，可以使用该偏移量防止同时启动。

下面给出使用相位偏移的实例。假设已在用户程序中插入两个循环中断OB：循环中断OB201和循环中断OB202。对于循环中断OB201，已设置时间基数为20ms，对于循环中断OB202，已设置时间基数为100ms。时间基数100ms到期后，循环中断OB1第5次到达启动时间，而循环中断OB2是第一次到达启动时间，此时需要执行循环中断OB偏移，为其中一个循环中断OB输入相位偏移量。

用户定义时间间隔时，必须确保在两次循环中断之间的时间间隔中有足够的时间处理循环中断程序。各循环中断OB的执行时间必须明显小于其时间基数。如果尚未执行完循环中断OB，但由于周期时钟已到而导致执行再次暂停，则将启动时间错误OB。

（四）硬件中断组织块

可以使用硬件中断OB来响应特定事件。只能将触发报警的事件分配给一个硬件中断OB，而一个硬件中断OB可以分配给多个事件。最多可使用50个硬件中断OB，它们在用户程序中互相独立。

高速计数器和输入通道可以触发硬件中断。对于将触发硬件中断的各高速计数器和输入通道，需要组态以下属性：将触发硬件中断的过程事件（例如高速计数器的计数方向改变）和分配给该过程事件的硬件中断OB的编号。

触发硬件中断后，操作系统将识别输入通道或高速计数器并确定所分配的硬件中断OB。如果没有其他中断OB激活，则调用所确定的硬件中断OB。如果已经在执行其他中断OB，硬件中断将被置于与其同优先等级的队列中。所分配的硬件中断OB完成执行后，即确认了该硬件中断。如果在对硬件中断进行标识和确认的这段时间内，在同一模块中发生了触发硬件中断的另一事件，则若该事件发生在先前触发硬件中断的通道中，将不会触发另一个硬件中断。只有确认当前硬件中断后，才能触发其他硬件中断，否则若该事件发生在另一个通道中，将触发硬件中断。

只有在CPU处于"RUN"模式时才会调用硬件中断OB。

下面通过一个简单的例子演示硬件中断OB的使用。S7-1200PLC 1214C集成输入点可以逐点设置中断特性。新建一个硬件中断组织块OB200，通过硬件中断在10.0上升沿时将Q1.0置位，在10.1下降沿时将Q1.0复位。

创建项目，插入CPU1214C，在设备配置CPU的属性对话框的"数字输入"项中，勾选通道0的"启用上升沿检测"，选择硬件中断为新建的硬件中断组织块OB200。再勾选通道1的"启用下降沿检测"，选择硬件中断为新建的硬件中断组织块OB201。

（五）延时中断组织块

可以采用延时中断在过程事件出现后延时一定的时间再执行中断程序；硬件中断

则用于需要快速响应的过程事件，事件出现时马上中止循环程序，执行对应的中断程序。

PLC中的普通定时器的工作与扫描工作方式有关，其定时精度受到不断变化的循环扫描周期的影响。使用延时中断可以获得精度较高的延时，延时中断以毫秒（ms）为单位定时。

延时中断OB在经过操作系统中一段可组态的延迟时间后启动。在调用中断指令SRT，DINT后开始计算延迟时间。延迟时间的测量精度为1ms。延迟时间到达后可立即再次开始计时。可以使用中断指令CAN_DINT阻止执行尚未启动的延时中断。

在用户程序中最多可使用4个延时中断或循环OB，即如果已经使用两个循环中断OB，则在用户程序中最多可以再插入两个延时中断OB。

要使用延时中断OB，需要调用指令SRT_DINT并且将延时中断OB作为用户程序的一部分下载到CPU。只有在CPU处于"RUN"模式时，才会执行延时中断OB。暖启动将清除延时中断OB启动事件。

可以使用中断指令DIS_AIRT和EN_AIRT来禁用和重新启用延时中断。如果执行SRT_DINT之后使用DIS，AIRT禁用中断，则该中断只有在使用EN_AIRT启用后才会执行，延时时间将相应地延长。

（六）时间错误组织块

如果发生以下事件之一，操作系统将调用时间错误中断OB：

1.循环程序超出最大循环时间。

2.被调用OB（如延时中断OB和循环中断OB）当前正在执行。

3.中断OB队列发生溢出。

4.由于中断负载过大导致中断丢失。

在用户程序中只能使用一个时间错误中断OB。

（七）诊断组织块

可以为具有诊断功能的模块启用诊断错误中断功能，使模块能检测到I/O状态变化，因此模块会在出现故障（进入事件）或者故障不再存在（离开事件）时触发诊断错误中断。如果没有其他中断OB激活，则调用诊断错误中断OB，若已经在执行其他中断OB，诊断错误中断将置于同优先级的队列中。

第五章　PLC控制伺服电机的运行

第一节　认识伺服运动控制系统

一、伺服运动控制系统组成

机电一体化的伺服运动控制系统的结构、类型繁多，但从自动控制理论的角度来分析，伺服控制系统一般包括控制器、被控对象、执行机构、驱动器、反馈装置、比较环节等六部分。

①比较环节是将输入的指令信号与系统的反馈信号进行比较，以获得输出与输入间的偏差信号的环节，通常由专门的电路或计算机来实现。②控制器通常是PLC、计算机或者PID控制电路，主要任务是对比较元件输出的偏差信号进行变换处理，以控制执行元件按要求动作。③驱动器一般是驱动伺服电机的放大电路，将由控制器发出来的控制命令进行放大并转换成电机可以接收的驱动命令。④执行机构的作用是按控制信号的要求，将输入的各种形式的能量转化成机械能，驱动被控对象工作。机电一体化系统中的执行元件一般指各种电机或液压、气动伺服机构等。⑤被控对象是指被控制的机构或装置，是直接完成系统目的的主体。一般包括负载及其传动系统。⑥测量反馈装置是指能够对输出进行测量，并转换成比较环节所需的量纲的装置，一般包括传感器和转换电路。

在实际的伺服控制系统中，上述的每个环节在硬件特征上并不独立，可能几个环节在一个硬件中，如伺服电动机本身作为一个执行元件，又集成了光电编码器，实现了检测元件的功能。

二、伺服系统的基本要求

对伺服系统的基本要求有稳定性、精度、快速响应性和抗噪声能力等要求。

1.稳定性好

　　稳定性是指系统在给定输入或外界干扰作用下，能在短暂的调节过程后到达新的或者恢复到原有的平衡状态。通常要求承受额定力矩变化时，静态速率应小于5%，动态速率应小于10%。

　　2.精度高

　　伺服系统的精度是伺服系统的一项重要的性能要求。它是指其输出量复现输入指令信号的精确程度。作为精密加工的数控机床，要求的定位精度或轮廓加工精度和进给精度通常都比较高，这也是伺服系统静态特性与动态特性指标是否优良的具体表现。允许的偏差一般都在0.01～0.001 mm之间，高的可达到±0.000 1～±0.00005 mm。相应地，对伺服系统的分辨率也提出了要求。当伺服系统接受控制器送来的一个脉冲时，工作台相应移动的单位距离叫分辨率。系统分辨率取决于系统的稳定工作性质和所使用的位置检测元件。目前的闭环伺服系统都能达到1 μm的分辨率。高精度数控机床也可达到0.1μm的分辨率，甚至更小。

　　3.快速响应并无超调

　　快速响应性是伺服系统动态品质的标志之一，即要求跟踪指令信号的响应要快，一方面要求过渡过程时间短，一般在200 ms以内，有的甚至小于几十毫秒，且速度变化时不应有超调；另一方面是负载突变时，要求过渡过程的前沿要尽可能陡，即上升率要大，恢复时间要短，且无振荡。

　　4.抗噪声能力

　　伺服系统的抗噪声能力描述了系统对噪声源的放大程度，噪音干扰会导致系统发热、振荡，扭矩波动和杂音等不良现象。伺服增益越高，系统的抗噪声能力将越低。

　　伺服系统的调整主要是系统的各项控制增益的调整，当增益调整较高时，可以使得系统具有较快的响应速度，加大积分时间常数时，可以降低系统的超调从而提高系统抗扭矩干扰的能力，然而又牺牲了系统相应的快速性。另一个方面，过高的增益将使得系统的稳定性和抗噪声能力下降。因此，伺服系统的调整实际上是一个寻求系统各项性能的相互平衡并使整体性能最优的决策过程。

三、伺服系统的分类

　　1.按调节理论分类

　　（1）开环伺服系统

　　这是一种比较原始的伺服系统。这类伺服系统将零件的程序处理后，输出脉冲指令给伺服系统，驱动负载设备运动，没有来自位置传感器的反馈信号。最典型的系统就是采用步进电动机的伺服系统。它一般由环形分配器、步进驱动装置、步进电动机、配送齿轮和丝杠螺母等组成。数控系统每发出一个指令脉冲，经驱动电路功率放大后，驱动步进电动机旋转一个固定角度（步距角），再经传动机构带动工作台移动。这类系统信息流是单向的，即进给脉冲发出去后，实际移动值不再反馈回来，所以称为开环控制。这类开环控制系统的特点是结构简单，方便；位置控制精度取决于步进电机的精度、传动系统的精度以及摩擦阻尼等参数。

（2）全闭环伺服系统

这类伺服系统带有检测装置，直接对工作台的位移量进行检测。当数控装置发出唯一指令脉冲，经电动机和机械传动装置使机床工作台移动时，安装在工作台上的位置检测器把机械位移变成电参量，反馈到输入端和输入信号相比较，得到的差值经过放大的变换，最后驱动工作台向减少误差的方向移动，直到差值等于零为止。这类控制系统，因为把机床工作台纳入了位置控制环，故称为全闭环控制系统，常见的检测元件有旋转变压器、感应同步器、光栅、磁栅和编码盘等。目前全闭环系统的分辨率多数为 1 μm。系统精度取决于测量装置的制造精度和安装精度。该系统可以消除包括工作台传动链在内的误差，因而定位精度高、调节速度快。但由于该系统受进给丝杠的拉压刚度、扭转刚度、摩擦阻尼特性和间隙等非线性因素的影响，给调试工作造成很大困难。若各种参数匹配不当，将会引起系统振荡，造成不稳定，影响定位精度，而且系统复杂和成本高。因此该系统使用于精度要求很高的数控机床，比如镗铣床，超精车床、超精铣床等。

（3）半闭环伺服系统

大多数的精度要求不太高的数控机床是半闭环伺服系统。这类系统用安装在进给丝杠轴端或电动机轴端的角位移测量元件，如旋转变压器、脉冲编码器、圆光栅等来代替安装在机床工作台上的直线测量原件，用测量丝杠或电动机轴旋转角位移来代替测量工作台直线位移。因这种系统未将丝杠螺母副、齿轮传动副等传动装置包含在闭环反馈系统中，所以称之为半闭环控制系统。它不能补偿位置闭环系统外的传动装置的传动误差，却可以获得稳定的控制特性。这类系统介于开环与闭环之间，精度没有闭环高，调试却比闭环方便，因而得到了很广泛的应用。

2.按使用的驱动元件分类

（1）步进伺服系统

步进式伺服系统亦称为开环位置伺服系统，其驱动元件为步进电动机。功率步进电动机盛行于20世纪70年代，控制系统的结构最简单，控制最容易，维修最方便，控制为全数字化（即数字化的输入指令脉冲对应数字化的位置输出），这完全符合数字化控制技术的要求，数控系统与步进电动机的驱动控制电路结为一体。随着计算机技术的发展，除功率驱动电路之外，其他硬件电路均可由软件实现，从而简化了系统结构，降低了成本，提高了系统的可靠性。但步进电动机的耗能太大，速度也不高，主要用于速度与精度要求不高的应用系统中。

（2）直流伺服系统

直流伺服电机具有良好的调速特性，较大的启动转矩和相对功率，易于控制及响应快等优点。尽管其结构复杂、成本较高，在机电一体化控制系统中还是具有较广泛的应用。直流伺服系统常用的伺服电动机有小惯量直流伺服电动机和永磁直流伺服电动机（也称为大惯量宽调速直流伺服电动机）。小惯量伺服电动机最大限度地减少了电枢的转动惯量，所以能获得最好的快速性。小惯量伺服电动机一般都设计成有高的额定转速和低的惯量，所以应用时要经过中间机械传动（如减速器）才能与丝杠相连解。近年来，力矩电动机有了新的发展，永磁直流伺服电动机的额定转速很低，可以在 1 r/min 甚至在 0.1 r/min 下平稳地运转，这样低速运行的电动机，其转轴可以和负载直接耦合，省去了减速器，简化了结构，提高了传动精度。因此，自 20 世纪 70 年代至 80 年代中期，这种直流伺服系统在数控机床上的应用占了绝对统治地位，至今许多数控机床上仍使用这种直流伺服系统。

直流伺服电动机按励磁方式可分为电磁式和永磁式两种。电磁式的磁场由励磁绕组产生；永磁式的磁场由永磁体产生。电磁式直流伺服电动机是一种普遍使用的伺服电动机，特别是大功率电机（100 W 以上）。永磁式伺服电动机具有体积小、转矩大、力矩和电流成正比、伺服性能好、响应快、功率体积比大、功率重量比大、稳定性好等优点。由于功率的限制，目前主要应用在办公自动化、家用电器、仪器仪表等领域。

（3）交流伺服系统

20 世纪后期，随着电力电子技术的发展，交流电动机越来越普遍地应用于伺服控制。与直流伺服电动机相比，交流伺服电动机不需要电刷和换向器，因而维护方便并且对环境无要求；此外，交流电动机还具有转动惯量、体积和重量较小，结构简单，价格便宜等优点；尤其是交流电动机调速技术的快速发展，使它得到了更广泛的应用。交流电动机的缺点是转矩特性和调节特性的线性度不及直流伺服电动机好，其效率也比直流伺服电动机低。交流伺服系统使用交流异步伺服电动机和永磁同步伺服电动机。由于直流伺服电动机存在着有电刷等一些固有缺点，使其应用环境受到限制。交流伺服电动机没有这些缺点，且转子惯量比直流电动机小，使其动态响应好。在同样体积下，交流电动机的输出功率可比直流电动机提高 10%～70%。另外，交流电动机可以拥有比直流电动机更大的容量，达到更高的电压和转速。因此，在伺服系统设计时，除某些操作特别频繁或交流伺服电动机在发热和启、制动特性不能满足要求时选择直流伺服电动机外，一般尽量考虑选择交流伺服电动机。

四、影响伺服系统性能的因素

1. 电机

电机是伺服系统的重要组成部分，电机执行能力的好坏将决定整个伺服系统的控制特性。常见的伺服电机可以分为直流调速电机与交流调速电机，和直流电机相比，交流伺服电机没有直流电机的换向器和电刷等带来的缺点。同时，电机的转动惯量、转子阻抗、电刷结构以及散热等都会影响伺服系统的性能。

2. 编码器

编码器作为控制的反馈元件，也是影响系统精度的重要因素。首先，编码器的脉冲数会直接影响系统的定位和速度控制精度；其次，编码器的最高转速也制约电机的最大转速。目前，用于伺服控制系统的编码器通常为光电编码器，其分为增量式、绝对值、正余弦以及旋转变压式等类型。编码器的抗干扰能力会给系统的稳定性带来直接的影响。对于永磁同步电机，正确的转子位置识别也是控制的前提，因此，编码器能提供给驱动器正确的转子位置，也是控制的关键。

3.伺服驱动器

伺服驱动器是伺服控制的核心，根据电机类型的不同，驱动器也分为不同的种类，如晶体管放大驱动器、直流驱动器及交流驱动器，目前工控行业比较常见的是交流驱动器。例如，台达公司推出的 ASDA-B2 系列伺服驱动器，是通过 SPWM 方式来控制电机的，其控制方式是空间矢量控制。通常情况下，电流与速度环都是在驱动器中实现的，而位置控制可以在运动控制器中完成，也可以在驱动器中实现。电流环与速度环的闭环特性是衡量一个控制系统性能的标准，如电流环与速度环的采样周期，速度环与电流环的带宽，控制回路上的各种滤波、延迟等，都会影响系统的精读与动态响应能力。

4.运动控制器

运动控制是在驱动器的速度环基础上，增加了位置控制、齿轮同步、凸轮、插补等运动控制功能的控制方式。运动控制器对伺服驱动器的控制方式有三种，即数字通信方式、模拟量方式、脉冲方式。

①数字通信方式

分辨率高，信号传输快速、可靠，可以实现高性能的灵活控制，需要通信协议。例如，台达公司的 PLC 与驱动器之间的数据交换可以选用 CANopen 协议的方式，还有其他一些欧系公司采用 PROFINET 网络总线的方式，日系安用公司推出了基于 ME-CHA-TROLINK 总线的驱动产品，通过以上通信方式，实现了传动与运动控制之间的数据传输控制，特别适合于需要各轴间的协调同步和插补控制的应用，除了实现机械所必需的转矩、位置、速度控制以外，还可实现要求精度极高的相位协调控制等。

②模拟量方式

分辨率低，信号可靠性与抗干扰能力差，但兼容性好。例如，西门子的运动控制器 simotion 与第三方驱动器之间的控制可以通过模拟量的方式来实现。

③脉冲方式

可靠性高，快速性差，灵活性差，是目前中低端伺服驱动系统较为常用的一种方式。

在系统选型过程中，运动控制对驱动器的控制方式是设计者需要考虑的重要因素。通信是最稳定、快捷的控制方式，同时要考虑通信的传输速度。通信周期受通信速率与数据量大小的制约，同时受通信周期的限制，运动控制器的插补周期与位置环采样周期通常为通信周期的整数倍。对于运动控制器来说，其插补周期与位置环采样周期是衡量系统性能的关键。

5.机械传动

电机通常靠机械传动结构（如联轴器、齿轮箱、丝杠、传送带、机械凸轮等）与负载相接。这样，联轴器的刚性、齿轮间隙、传送带的松紧都会影响系统的控制精度。例如，对于直线移动的执行部件，电机通常靠同步皮带轮或者丝杠进行连接，同步皮带轮的啮合间隙或者丝杠螺母的滚珠与滚道间隙等，都会对直线运动位移精度造成影响。而对于机械凸轮，必须保证速度或加速度边界条件，才能使系统不至于产生机械谐振。

6.负载

作为控制的最终对象，负载对系统性能的影响也不可忽略。负载的转动惯量的大小会影响系统的动态特性，如转动惯量大，其加速度与停止过程中会要求系统的输出扭矩大，要求驱动器的驱动能力高。另外负载与电机的转动惯量比也会影响系统的性能，转动惯量比越小，控制越容易，但电机的效率越低；惯量比越大，会给系统的高频带来谐振点，从而增加控制难度。

7.安装

待上述对象都得到确认后，现场装置的安装也会给整个系统带来新的问题，例如，如何做好系统的接地，如何避免EMC干扰，使用合适的屏蔽电缆等，都是系统设计不可忽视的问题。

8.系统的成套性

在整个运动控制系统的设计中，建议使用者尽可能采用同一厂家的产品，包括运动控制器、驱动器、伺服电机等，保证系统的成套性，因为这样能避免如连线、配置、通信等方面的问题。单独购买各部件所带来的问题首先是连接顺序的复杂化，电机、驱动终端和反馈设备（包括编码器、分解器、霍尔传感器等）可以有多种不同的连接次序。采用同一供应商的电机和驱动器还有一个好处，就是能更好地安装、调试软件，并确保其兼容性。另外，每一款电机的参数都不一致，与其匹配的驱动器都有其默认参数，从电机参数的识别方式来看，驱动器也有专有的识别方式。对于第三方电机，驱动器所能够识别的程序可能不够准确；而在精密的运动控制系统中，一个参数的差别可能会影响电机的驱动性能，从而影响控制精度。

五、伺服系统的应用

由于具有通用性，伺服机构的应用领域非常广泛，如计算机的DVD驱动器、HD驱动器，复印机的送纸机构，数码摄像机的录像带传送机构等。从与生活密切相关的领域到飞机的控制机构、天文望远镜的驱动机构等，更不用说工业领域，伺服无处不在。下面简要介绍伺服控制系统在搬运设备、卷材设备、食品加工设备等方面的应用。

1.搬运控制

在自动仓库中，分拣部和行走部已越来越多地采用AC伺服电机，以满足高速化需求。由于采用了AC伺服电机，可实现高速运行以及平稳的加速、减速。与SCM（供应链管理）相结合的自动仓库分拣系统从原料采购到商品发送等各个环节，可大幅提高物流库存管理的效率。

2.卷材设备

处理纸、薄膜等超长材料（卷材）的设备，也称为卷筒，大致可分为开卷、加工和卷绕。加工处理随应用领域（纵向剪切机、层压机、印刷）而异，但整个机构基本相同，基本上使用高精度伺服系统实现对伺服电机转矩的精确控制。纵向剪切机是将经过加工部处理的卷材在最终工序卷绕部进行裁切的机械。控制张力的同时，用裁切器正确地裁切。

3. 食品加工设备

随着对食品处理要求的不断提高，高品质且安全的食品加工的需求越来越迫切。在这样的形势下，伺服机构在食品加工领域的应用不断取得进展。

用薄膜卫生且正确地包装食品时，也用到伺服机构。使用卷筒形状的薄膜，根据各种食品的大小进行包装后，切割成正确的尺寸并分离薄膜是技术的关键。

线的工作示意图，系统中传送带、薄膜卷筒均是通过高精度伺服控制系统驱动的。灌装流水线是将不同产品、不同容量的液体高速灌入各种形状的瓶子。可以根据瓶子的形状，控制灌入速度，将液体灌入到指定量而不起泡。在整个生产线中，输送带的控制通常是通过伺服驱动控制系统实现精确的定位控制。

第二节　伺服驱动器的基本使用

20世纪80年代以来，随着集成电路、电力电子技术和交流可变速驱动技术的发展，永磁交流伺服驱动技术有了突出的发展，交流伺服系统已成为当代高性能伺服系统的主要发展方向。当前，高性能的电伺服系统大多采用永磁同步型交流伺服电动机，控制驱动器多采用快速、准确定位的全数字位置伺服系统。典型生产厂家如德国西门子、美国科尔摩根和日本三菱及安用等公司，国内的生产厂家有汇用、台达公司等。

在系统中，PLC作为主控制器对伺服驱动器发出位置脉冲信号、方向脉冲信号及相关I/O信号，伺服驱动器将脉冲信号放大后，向伺服电机发出PWM脉冲信号，以实现对伺服电机位置、速度等相关量的控制。伺服驱动器由主电路和控制电路以及外围接口电路组成。

一、伺服电动机

1. 认识伺服电动机

伺服电机是指在伺服系统中控制机械元件运转的发动机，是一种补助马达间接变速装置。伺服电机可使控制速度、位置精度非常准确，可以将电压信号转化为转矩和转速以驱动控制对象。伺服电机转子转速受输入信号控制并能快速反应，在自动控制系统中，用作执行元件，且具有机电时间常数小、线性度高、始动电压等特性，可把所收到的电信号转换成电动机轴上的角位移或角速度输出。分为直流和交流伺服电动机两大类，其主要特点是：当信号电压为零时无自转现象，转速随着转矩的增加而匀速下降。

2. 伺服电机的使用

伺服电机的主要外部部件有连接电源电缆、内置编码器、编码器电缆等。其中编码器电缆和电源电缆为选件，需要注意的是对于带电磁制动的伺服电机，需要单独的电磁制动电缆。

在使用伺服电机时，需要先计算一些关键的电机参数，如位置分辨率、电子齿轮、速度和指令脉冲频率等，以此为依据进行后面伺服驱动器的参数设置。

（1）位置分辨率和电子齿轮计算

位置分辨率（每个脉冲的行程 ΔL）取决于伺服电机每转的行程 ΔS 和编码器反馈脉冲数量 P_t，如下式所示，反馈脉冲数目取决于伺服电机系列。

$$\Delta L = \frac{\Delta S}{P_t}$$

当驱动系统和编码器确定之后，在控制系统中，ΔL 为固定值。但是，每个指令脉冲的行程可以根据需要利用参数进行设置。

如图 5-1 所示，指令脉冲乘以参数中设置的 CMX/CDV 则为位置控制脉冲。每个指令脉冲的行程值如下式所示

$$\Delta L_0 = \frac{P_1}{\Delta S} \cdot \frac{CMX}{CDV} = \Delta L \cdot \frac{CMX}{CDV}$$

利用上述关系式，每个指令脉冲的行程可以设置为整数值。

（2）速度和指令脉冲频率计算

伺服电机以指令脉冲和反馈脉冲相等时的速度运行。因此，指令脉冲频率和反馈脉冲频率必须相等，电子齿轮比与反馈脉冲的关系如图 5-2 所示。参数设置（CMX，CDV）的关系如下式所示

$$f_0 \cdot \frac{CMX}{CDV} = P_1 \cdot \frac{N_0}{60}$$

可以用上式推导得出伺服电机的电子齿轮比和指令脉冲频率的计算公式，使伺服电机旋转。

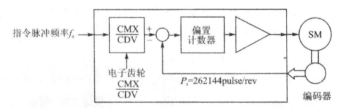

图 5-1 位置分辨率和电子齿轮关系图

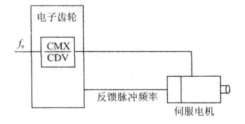

图 5-2 位置分辨率和电子齿轮关系图

二、伺服驱动器

1.认识伺服驱动器

伺服驱动器又称为伺服控制器、伺服放大器，是用来控制伺服电机的一种控制器，其作用类似于变频器作用于普通交流电机，属于伺服系统的一部分，主要应用于高精度的定位系统，一般是通过位置、速度和力矩三种方式对伺服电机进行控制，实现高精度的传动系统定位，目前是传动技术的高端产品。

交流永磁同步伺服驱动器主要由伺服控制单元、功率驱动单元、通信接口单元、伺服电动机及相应的反馈检测器件组成。其中伺服控制单元包括位置控制器、速度控制器、转矩和电流控制器等。

伺服电机一般为三个控制，就是3个闭环负反馈PID调节系统，最内侧是电流环，第2环是速度环，最外侧是位置环，各环的功能如表5-1所列。

表5-1 3个闭环调节系统功能

电流环	速度环	位置环
在伺服驱动系统内部进行，通过霍尔装置检测驱动器给电机的各相的输出电流，负反馈给电流的设定进行PID调节，从而达到输出电流尽量接近等于设定电流；电流环是控制电机转矩的，所以在转矩模式下驱动器的运算最小，动态响应最快	通过检测伺服电机编码器的信号来进行负反馈PID调节，它的环内PID输出直接就是电流环的设定，所以速度环控制时就包含了速度环和电流环，所以电流环是控制的根本。在速度和位置控制的同事系统实际也在进行电流（转矩）的控制以达到对速度和位置的响应控制	在驱动器和伺服电机编码器之间构建，也可以在外部控制器和电机编码器或最终负载之间构建，要根据实际情况来定；由于位置控制环内部输出就是速度环的设定，位置控制模式下系统进行所有3个环的运算，此时系统运算量最大.动态响应速度也最慢

一般伺服都有三种控制方式：速度控制方式，转矩控制方式，位置控制方式。

速度控制和转矩控制都是用模拟量来控制的。位置控制是通过发脉冲来控制的。如果对电机的速度、位置都没有要求，只要输出一个恒转矩，用转矩模式。如果对位置和速度有一定的精度要求，而对实时转矩不是很关心，用转矩模式不太方便，用速度或位置模式比较好。如果上位控制器有比较好的闭环控制功能，用速度控制效果会好一点。如果本身要求不是很高，或者基本没有实时性要求的，用位置控制方式。就伺服驱动器的响应速度来看，转矩模式运算量最小，驱动器对控制信号的响应最快；位置模式运算量最大，驱动器对控制信号的响应最慢。

①转矩控制

转矩控制方式是通过外部模拟量的输入或直接的地址赋值来设定电机轴对外的输出转矩的大小，具体表现为：例如，10 V对应5 N•m，当外部模拟量设定为5 V时电机轴输出为2.5 N•m，如果电机轴负载低于2.5 N•m时电机正转，外部负载等于2.5 N•m时电机不转，大于2.5 N•m时电机反转（通常在有重力负载情况下产生）。可以通过即时改变模拟量的设定来改变设定的力矩大小，也可通过通讯方式改变对应地址的数值来实现。应用主要在对材质的受力有严格要求的缠绕和放卷的装置中，例如绕线装置或拉光纤设备，转矩的设定要根据缠绕的半径的变化随时更改以确保材质的受力不会随着缠绕半径的变化而改变。

②位置控制

位置控制模式一般是通过外部输入的脉冲的频率来确定转动速度的大小，通过脉冲的个数来确定转动的角度，也有些伺服可以通过通讯方式直接对速度和位移进行赋值。由于位置模式可以对速度和位置都有很严格的控制，所以一般应用于定位装置。应用领域如数控机床、印刷机械等。

③速度模式

通过模拟量的输入或脉冲的频率都可以进行转动速度的控制，在有上位控制装置的外环PID控制时，速度模式也可以进行定位，但必须把电机的位置信号或直接负载的位置信号给上位反馈以做运算用。位置模式也支持直接负载外环检测位置信号，此时的电机轴端的编码器只检测电机转速，位置信号就由直接的最终负载端的检测装置来提供了，这样的优点在于可以减少中间传动过程中的误差，增加了整个系统的定位精度。

2.认识台达伺服驱动器

（1）伺服驱动器面板与接口

现在使用的是台达ASD-B2伺服驱动器属于进阶泛用型，内置泛用功能应用，减少机电整合的差异成本。除了可简化配线和操作设定，大幅提升电机尺寸的对应性和产品特性的匹配度，可方便地替换其他品牌，且针对专用机提供了多样化的操作选择。

（2）操作面板说明

ASD-B2伺服驱动器的参数共有187个，P0—xx、P1—xx、P2—xx、P3—xx、P4—xx可以在驱动器的面板上进行设置。

表5-2 台达ASD-B2的面板各键功能

名称	各部分功能
显示器	五组七段显示器用于显示监视值、参数值及设定值
电源指示灯	主电源回路电容憧的充电显示
MODE键	切换监视模式/参数模式/异警显示，在编辑模式时，按MODE键可跳出到参数模式
SHIFT键	参数模式下可改变群组码；编辑模式下闪烁字符左移可用于修正较高的设定字符值；监视模式下可切换高/低位数显示
UP键	变更监视码、参数码或设定值
DOWN键	变更监视码、参数码或设定值
SET键	显示及存储设定值；监视模式下可切换10/16进制显示；在参数模式下，按SET键可进入编辑模式

（3）参数设置操作说明

①驱动器电源接通时，显示器会先持续显示监视变量符号约1 s，然后才进入监控模式。②按【MODE】键可切换参数模式→监视模式→异警模式，若无异警发生则

略过异警模式。③当有新的异警发生时，无论在何模式都会马上切换到异警显示模式下，按【MODE】键可以切换到其他模式，当连续 20 s 没有任何键被按下，则会自动切换回异警模式。④在监视模式下，若按下【UP/DOWN】键可切换监视变量。此时，监视变量符号会持续显示约 1 s。⑤在参数模式下，按【SHIFT】键时可切换群组码，按【UP/DOWN】键可变更后二字符参数码。⑥在参数模式下，按【SET】键，系统立即进入编辑设定模式，显示器同时会显示此参数对应的设定值。此时，可利用【UP/DOWN】键修改参数值，或按【MODE】键脱离编辑设定模式并回到参数模式。□ 在编辑设定模式下，可按【SHIFT】键使闪烁字符左移，再利用【UP/DOWN】键快速修正较高的设定字符值。□ 设定值修正完毕后，按下【SET】键即可进行参数存储或执行命令。□ 完成参数设定后，显示器会显示结束代码【SAVED】并自动回复到参数模式。

（4）部分参数说明

一般情况下，设置伺服驱动装置工作于位置控制模式，PLC 的 Q0.0 输出脉冲作为伺服驱动器的位置指令，脉冲的数量决定伺服电机的旋转位移，脉冲的频率决定了伺服电机的旋转速度。PLC 的 Q0.2 输出信号作为伺服驱动器的方向指令。对于控制要求较为简单的，伺服驱动器可采用自动增益调整模式。

（5）伺服驱动器和伺服电机的连接

下面以 ASDA-B2 型伺服驱动器与 ECMA-C20604RS 的连接作为示例，设置为位置控制，编码器为增量型，按照位置控制运行模式。

①伺服驱动器电源

伺服驱动器的电源端子（R、S）连接二相电源。

②CN1 连接图

主要的几个信号为定位模块的脉冲发出等，编码器的 A、B、Z 的信号脉冲，以及急停、复位、正转行程限位、反转行程限位、故障、零速检测等。

③CN2 和伺服电机连接图

CN2 连接伺服电机内置编码器，伺服驱动器输出 U、V、W 依次连接伺服电机 2、3、4 引脚，不能相序错误。伺服报警信号接入内部电磁制动器。

第三节　PLC 控制伺服电机的定位运动

工业应用现场常用步进电动机或伺服电动机实现精确定位，而步进电动机或伺服电动机是由高速脉冲进行驱动的，由 PLC 发出高速脉冲来进行控制在实际应用中比较多见。西门子 300PLC 具有专用高速脉冲输入和输出模块，而紧凑型 CPU（如 CPU312C、CPU313C、CPU314C 等）也集成有高速脉冲计数以及高速脉冲输出的通道。CPU314C 集成有 4 个用于高速脉冲计数的通道和 1 个高速脉冲输出的通道，可实现高速脉冲计数功能、频率测量功能和脉宽调制（PWM）输出功能，其最大计数频率测量可达 60 kHz，脉冲宽度调制功能输出为 2.5 kHz。

一、接口引脚分配

S5-300 PLC集成的高速脉冲计数输入或高速脉冲输，一般情况下可以作为普通的数字量输出和输出来用。在需要高速脉冲计数或高速脉冲输出时，可通过硬件设置定义这些位的属性，将其作为高速脉冲计数输入或高速脉冲输出。CPU314C连接器X2的引脚分配表5-3所列。

表5-3 CPU314C连接器X2的引脚分配

连接	名称/地址	计数	频率测量	脉宽调制
2	DI+0.0	通道0：轨迹 A/脉冲	通道0：轨迹 A 脉冲	-
3	DI+0.1	通道0：轨迹 B/方向	通道0：轨迹 B 方向	0/不使用
4	DI+0.2	通道0：硬件门	通道0：硬件门	通道0：硬件门
5	DI+0.3	通道1：轨迹 A/脉冲	通道1：轨迹 A 脉冲	-
6	DI+0.4	通道1：轨迹 B/方向	通道1：轨迹 B 方向	0/不使用
7	DI+0.5	通道1：硬件门	通道1：硬件门	通道1：硬件门
8	DI+0.6	通道2：轨迹 A/脉冲	通道2：轨迹 A 脉冲	-
9	DI+0.7	通道2：轨迹 B/方向	通道2：轨迹 B 方向	0/不使用
12	DI-1.0	通道2：硬件门	通道2：硬件门	通道2：硬件门
13	DI+1.1	通道3：轨迹 A/脉冲	通道3：轨迹 A 脉冲	-
14	DI+1.2	通道3：轨迹 B/方向	通道3：轨迹 B 方向	0/不使用
15	DI+1.3	通道3：硬件门	通道3：硬件门	通道3：硬件门
16	DI+1.4	通道0：锁存器	-	-
17	DI+1.5	通道1：锁存器	-	-
18	DI+1.6	通道2：锁存器	-	-
19	DI+1.7	通道3：锁存器	-	-
22	DO+0.0	通道0：输出	通道0：输出	通道0：输出
23	DO+0.1	通道1：输出	通道1：输出	通道1：输出
24	DO+0.2	通道2：输出	通道2：输出	通道2：输出
25	DO+0.3	通道3：输出	通道3：输出	通道3：输出

二、高速脉冲输入

CPU314C的控制通道实现高速脉冲计数或频率测量功能要分两个步骤进行。其一为硬件设置，其二为调用相应系统功能块。

1.硬件设置

①生成一个项目，CPU型号选择CPU314C-2PN/DP。②用鼠标双击SIMATIC管理器中的300站点下的Hardware（硬件）进入HWConfig（硬件组态）窗口。添加完机

架和CPU后，可以看到CPU314C除集成数字量和模拟量输入和输出点外，还有Count（计数）功能和Position（定位）功能，高速脉冲的属性设置就在Count（计数）中设置，用鼠标双击Count（计数）子模块，可进行高速脉冲计数、频率测量以及高速脉冲输出属性设置。③用鼠标双击CPU的count（计数）子模块，可进入Properties Count（计数器属性）对话框。在对话框中，"通道"为PLC工艺控制功能的通道选择，在其后面的下拉列表中，可以选择要设置的通道号，CPU314C有4个通道号可以选择，即0、1、2、3，用户可以根据自己的需要对某个通道或四个通道分别进行设置。工作模式后面的下拉列表中有5种工作模式可以选择，有"连续计数（计到上限时跳到下限重新开始）""单独计数（计到上限时跳到下限等待新的触发）""周期计数（从装载值开始计数，到设置上限时跳到装载值重新计数）""频率测量"和"脉宽调制"。选择其中之一后（如连续计数），会弹出"默认值设置"对话框，提示默认值将被装载到被选择的功能中。④设置参数，如通道被设置为"计数器"工作方式，选择"计数"选项卡，以"连续计数"为例，打开"计数参数"设置对话框，在此对话框中可设置相关参数。

2.调用系统功能块SFB47

①选中项目中的块

用鼠标双击块中的OB1进入程序编辑器，在OB1中调用SFB47。过程如下：在指令集工具中，找到Libraries（库）→Standard Library（标准库）→System Function Blocks（系统功能块）菜单，并用鼠标双击该菜单下的系统块SFB47进行调用。

②系统功能块SFB47的参数、系统功能块SFB47的参数很多

在使用时用户可根据自己的控制需要进行选择性填写。系统功能块SFB47的输入参数、输出参数分别如表5-4和表5-5所列。

表5-4 系统功能块SFB47的输入参数

输入参数	数据类型	地址 DB	说明		取值范围	默认值
LADDR	WORD	0	在HW Config中指定的子模块I/O地址不相同，必须指定两者中的较低一个		CPU312C	W#16#300
					CPU313C	W#16#300
					CPU314C	W#16#330
CHANNEL	1NT	2	通道号：CPU312		0~1	0
			通道号：CPU313		0~2	
			通道号：CPU314		0~3	
SW_GATE	BOOL	4.0	软件门，用于计数器起动/停止		1/0	0
CTRL_DO	BOOL	4.1	起动输出		1/0	0
SET_DO	BOOL	-4.2	输出控制		1/0	0
JOB_REQ	BOOL	4.3	启动作业（正跳沿）		1/0	0
JOB_ID	WORD	6	作业号	W#16#00=无功能作业	W#16#00	W#16#00
				W#16#00=写计数值	W#16#01	

输入参数	数据类型	地址 DB	说明	取值范围	默认值
			W#16#00=写装载值	W#16#02	
			W#16#00=写比较值	W#16#04	
			W#16#00=写入滞后	W#16#08	
			W#16#00=写入脉冲速度	W#16#10	
			W#16#00=读装载值	W#16#82	
			W#16#00=读比较值	W#16#84	
			W#16#00=读取滞后	W#16#88	
			W#16#00=读脉冲宽度	W#16#90	
JOB_VAL	DINT	8	写作业的值	$-2^{31}\sim(2^{31}-1)$	0

参数 LADDR，默认值为 W#16#300 或 W#16#330，即输入/输出映像区第 768 或第 816 个字节。若通道集成在 CPU 模块中，则此参数可以不用设置；若通道在某个子功能模块上，则必须保证此参数的地址与模块设置的地址一致。

表 5-5 系统功能块 SFB47 的输出参数

输入参数	数据类型	地址 DB	说明	取值范围	默认值
STS_GATE	BOOL	12.0	内部门状态	1/0	0
STS_STRT	BOOL	12.1	硬件门状态（起动输入）	1/0	0
STS_LTCH	BOOL	12.2	锁存器输入状态	1/0	0
STS_DO	BOOL	12.3	输出状态	1/0	0
STS_C_DN	BOOL	12.4	向下计数的状态。始终表示最后的计数方向，在第一次调用 SFB 后，其值被设置为 0	1/0	0
STS_C_UP	BOOL	12.5	向上计数的状态。始终表示最后的计数方向，在第一次调用 SFB 后，其值被设置为 1	1/0	0
COUNT-VAL	DINT	14	实际计数值	$-2^{31}\sim(2^{31}-1)$	0
CATCHVAL	DINT	18	实际锁存器值	$-2^{31}\sim(2^{31}-1)$	0
JOB_DONE	BOOL	22.0	可启动新作业	1/0	1
JOB_ERR	BOOL	22.1	错误作业	1/0	0
JOB_STAT	WORD	24	作业错误号 W#16#0121=比较值太小	W#16#0121	0
			W#16#0122=比较值太大	W#16#0122	
			W#16#0131=滞后太窄	W#16#0131	
			W#16#0132=滞后太宽	W#16#0132	

输入参数	数据类型	地址 DB	说明	取值范围	默认值
			W#16#0141=脉冲周期太短	W#16#0141	
			W#16#0142=脉冲周期太长	W#16#0142	
			W#16#0151=装载值太小	W#16#0151	
			W#16#0152=装载值太大	W#16#0152	
			W#16#0161=计数器值太小	W#16#O161	
			W#16#0162=计数器值太大	W#16#0162	
			W#16#01FF=作业号非法	W#16#FFFF	

在"连续计数"方式下，CPU从0或装载值开始计数，当向上计数达到上限时（$2^{31}-1$），它将在出现下一正计数脉冲时跳至下限（-2^{31}）处，并从此恢复计数；当向下计数达到下限时，它将在出现下一负计数脉冲时跳至上限处，并从此处恢复计数。计数值范围为 [$-2^{31}\sim(2^{31}-1)$]，装载值的范围为 [$(-2^{31}+1)\sim(2^{31}-2)$]。

在"单循环（单独）计数"方式下，CPU根据组态的计数主方向执行单计数循环。若为无默认计数方向时，CPU从计数装载值向上或向下开始执行单计数循环，计数限值设置为最大范围。在计数限值处上溢或下溢时，计数器将跳至相反的计数限值，门将自动关闭。要重新启动计数，必须在门控制处生成一个正跳沿。中断门控制时，将从实际的计数值开始恢复计数。取消门控制后，将从装载值重新开始计数，若默认为向上计数时，CPU从装载值开始沿正方向计数数到结束值-1后，将在出现下一个正计数脉冲时跳回至装载值，门将自动关闭。要重新启动计数，必须在门控制处生成一个正跳沿。计数器从装载值开始计数。若默认为向下计数时，CPU从装载值开始沿负方向计数到值1后，将在出现下一个负计数脉冲时跳回至装载值（开始值），门将自动关闭。要重新启动计数，必须在门控制处生成一个正跳沿。计数器从装载值开始计数。

在"周期性计数"方式下，CPU根据声明的默认计数方向执行周期性计数。若为无默认计数方向，CPU从装载值向上或向下开始计数，在相应的计数限值处上溢或下溢时，计数器将跳至装载值并从该值开始恢复计数。若默认为向上计数时，CPU从装载值向上开始计数，当计数器沿正方向计数到结束值-1后，将在出现下一个正计数脉冲时跳回至装载值，并从该值开始恢复计数。若默认为向下计数时，CPU从装载值向下开始计数。当计数器沿负方向计数到值1后，将在出现下一个负计数脉冲时跳回至装载值（开始值），并从该值开始恢复计数。

例题：电动机运行速度的实时检测

要实现电动机运行速度的实时检测需分两步骤。其一为硬件设置；其二为调用相应系统功能块及编程。

①创建项目（取名为电动机运行速度检测），选择CPU型号为CPU314C。②打开该项目中的硬件组态窗口并用鼠标双击Count（计数）子模块，进行"属性-计数器"

设置。③在"属性-计数"对话框中设置 Channel（通道）为 0.Operating（操作模式）为 Count continuously（连续计数），在弹出的对话框中用鼠标单击 OK 按钮进行确定。④选择最后一个标签 Count（计数）并进行相关参数设置，将 Input（输入）设置为 Pulse/direction（脉冲/方向），其他均为默认值即可，用鼠标单击 OK 按钮进行确定。

硬件设置完成后将其编译并保存。

三、高速脉冲输出

要控制通道实现高速脉冲输出功能也有两个步骤。其一为硬件设置；其二为调用相应系统功能块。

1.硬件设置

打开 CPU 的计数子模块，选择 Pulse-width modulation（脉宽调制 PWM）选项，进入"脉宽调制"设置对话框。

"操作参数"选项组中各参数意义如下。

①输出格式

输出格式有两种选择。Per mile（每密尔，即 1mil=0.001in=0.0254 mm），输出格式取值范围为 0～1000；S7 模拟量输出格式取值范围为 0～2/648。输出格式的取值也可在调用系统功能块 SFB49 时设置，这一取值将会影响输出脉冲占空比。

②时基

时基有两种选择，0.1 ms 和 1 ms。用户可根据实际需要选择合适的时基，要产生频率较高的脉冲，可选择 0.1ms时基。

③接通延时值

接通延时是指当控制条件成立时，对应通道将延时指定时间后输出高速脉冲。指定时间值为设置值乘以时基，取值范围为 0～65 535。

④周期

指定输出脉冲的周期。周期为设置值乘以时基，若时基为 0.1ms时，取值范围为 4～65 535；若时基为 1 ms 时，取值范围为 1～65 535。

⑤最小脉冲宽度

指定输出的最小脉冲宽度，若时基为 0.1ms时最小脉冲宽度取值范围为 2～Period（周期）/2；若时基为 1ms 时，最小脉冲宽度取值范围为 0～Period（周期）/2。

以上参数中的延时时间、周期以及最小脉冲宽度还可以通过系统功能块 SFB49 进行修改。

"输入"选项组的参数"硬件门"是供用户选择是否通过硬件门来控制脉冲输出。如果选中硬件门，则告诉脉冲的控制需要硬件门和软件门共同控制；如果不选中高速脉冲输出单独由软件门控制。

"硬件中断"选项组的参数"硬件门打开"是硬件中断选择。一旦选中硬件门控制以后，此选项将被激活，用户可根据需要选择是否在硬件门启动时刻调用硬件中断组织块 OB40 中的程序。

将通道的硬件参数设置好后，用鼠标单击OK按钮。如果还需要设置其他通道，可以再次用鼠标双击Count（计数）子模块，再次进入参数设置对话框。将组态好的硬件数据进行编译并保存。

2.调用系统功能块SFB49

在系统库元件中选择System Function Blocks（系统功能块）菜单，选择调用系统功能块SFB49。SFB49功能块参数很多，用户可根据控制需要进行选择性填写。系统功能块SFB49的输入参数、输出参数分别如表5-6和5-7所列。

表5-6 系统功能块SFB49的输入参数

输入参数	数据类型	地址DB	说明		取值范围	默认值
LADDR	WORD	0	在"HW Config"中指定的子模块I/O地址。如果I/O地址不同，必须指定两者中的较低一个		CPU312C CPU313C CPU314C	W#16#300 W#16#300 W#16#300
CHANNEL	INT	2	通道号：CPU312 CPU313 CPU314		0～1 0～2 0～3	0
SW_EN	BOOL	4.0	软件门，用于控制脉冲输出			0
MAN_DO	BOOL	4.1	手动输出控制技能			0
SET_DO	BOOL	4.2	控制输出			0
OUTP_VAL	INT	6	输出设置，分密耳和模拟量			0
JOB_REQ	BOOL	8.0	作业初始化控制端（正跳沿）			0
JOB ID	WORD	10	作业号	W#16#00=无功能作业 W#16#01=写周期 W#16#02=写延时时间 W#16#04=写最小脉冲周期 W#16#81=读周期 W#16#82=读延时时间 W#16#84=读最小脉冲周期	W#16#00 W#16#01 W#16#02 W#16#04 W#16#81 W#16#82 W#16#84	W#16#00
JOB_VAL	DINT	12	写作业的值		-2^{31}～（$2^{31}-1$）	0

参数说明：

①子模块地址LADDR

默认值为W#16#300或W#16#330，即输入/输出映像区第768或第816个字节。若通道集成在CPU模块中，则此参数可以不用设置若通道在某个子功能模块上，则必须保证此参数的地址与模块设置的地址一致。

②软件门SW_EN

当SW_EN端为1时，脉冲输出指令开始执行（延时指定时间后输出指定周期和脉宽的高速脉冲）；当SW_EN端为0时，高速脉冲停止输出。采用硬件门和软件门同时控制时，需要在硬件设置中启动硬件门控制。当软件门先为1，同时在硬件门有一个上升沿时，将启动内部门功能，并延时指定时间输出高速脉冲。当硬件门的状态先为1，而软件门的状态后变为1，则门功能不启动，若软件门的状态保持为1，同时在硬件门有一个下降沿发生，也能启动门功能，输出高速脉冲。当软件门的状态变为0，无论硬件门的状态如何，将停止脉冲输出。

③手动输出使能端MAN_DO

一旦通道在硬件组态时设置为脉宽调制功能，则该通道不能使用普通的输出线圈指令对其进行写操作控制，要想控制该通道，必须调用功能块SFB49对其进行控制。如果还想在该通道得到持续的高电平（非脉冲信号），则可以通过MAN_DO控制端来实现。当MAN_D0端为1时，指定通道不能输出高速脉冲，只能作为数字量输出点使用。当MAN_D0端为0时，指定通道只能作为高速脉冲输出通道使用，输出指定频率的脉冲信号。

④控制输出SET_DO

数字量输出控制端。如果MAN_D0端为1时，可通过SET_DO端控制指定通道的状态是高电平1，还是低电平0；如果MAN_D0端为0时，则SET_DO端的状态不起作用，不会影响通道的状态。

⑤输出设置OUTP_VAL

用来指定脉冲的占空比。在硬件设置时，如果选择输出格式为每密耳，则OUTP_VAL取值范围为0～1000（基数为1000），输出脉冲高电平时间长度为：Pulsewidth（脉宽）＝（OUTP_VAL/〗000）x Period（周期）；如果选择输出格式为S7模拟量，则OUTP_VAL取值范围为0～27 648（基数为27 648），脉宽计算方法同上。在设置占空比时，应该保证计算出来的高、低电平的时间不能小于硬件设置中指定的最小脉宽值，否则将不能输出脉冲信号。

表5-7 系统功能块SFB49的输出参数

输出参数	数据类型	地址OB	说明		取值范围	默认值
STS_EN	BOOL	16.0	状态使能端		I/O	0
STS_STRT	BOOL	16.1	硬件门的状态（开始输入）		I/O	0
STS_DO	BOOL	16.2	输出状态		I/O	0
JOB_DONE	BOOL	16.3	可启动新作业		I/O	1
JOB_ERR	BOOL	16.4	错误作业		I/O	0
JOB_STAT	WORD	18	作业错误号	W#16并0411=周期过短	W#16#0411	
				W#16林0412=周期过长	W#16#0412	
				W#16#0421=延时过短	W#16#0421	

输出参数	数据类型	地址OB	说明	取值范围	默认值
			W#16#0422=延时过长	W#16#0422	
			W#16#0431=最小脉冲周期过短	W#16#0431	0
			W#16#0432=最小脉冲周期过长	W#16#0432	
			W#16#04FF=作业号非法	W#16#04FF	
			W#16#8001=操作模式或参数错误	W#16#8001	
			W#16#8009=通道号非法	W#16#8009	

参数说明:

①状态使能端STS_EN,当STS_EN端的状态为1时,表示高速脉冲输出条件成立,通道处于延时或输出状态。

②硬件门状态STS_STRT,无论是否启动硬件门功能,参数STS_STRT的状态与通道对应的硬件门的状态一致。

③通道输出状态STS_DO,当通道作为数字量或高速脉冲输出时,STS_DO端的状态与通道输出的状态一致。

四、硬件设计

采用PLC的0通道作为高速脉冲输出口,在CPU计数参数框中选择通道0。AS-DA-B2系列伺服电机每转一圈反馈的脉冲数为2 500个,在送入驱动器时经过四倍频,所以反馈脉冲为10 000个。设置时基为0.1 ms,周期为10,即高速脉冲输出频率为1 kHz,CPU314高速脉冲的输出其最大脉冲输出频率为2.5 kHz。在设置伺服驱动器电子齿轮比为1∶1时,由转速计算公式可得伺服电机速度为6 r/min,当需要得到更快速度时,可以适当增大PLC脉冲输出频率,或者在伺服阀驱动器中设置大于1的电子齿轮比即可。

五、程序设计

OUTP_VAL端参数决定了高速输出脉冲的占空比,在这里设置占空比为1∶1.所以根据公式脉宽=OUTP_VAL/10000×周期,推算可知需要设置值为500。当启动信号10.0有效时,PLC输出高速脉冲使伺服电机旋转,当遇到限位开关时停止。以上示例程序还可以结合伺服电机旋转方向信号实现伺服电机往返运动。

第六章　机械制造的控制系统自动化

第一节　加工设备自动化的含义

在自动化制造系统中，为了实现机械制造设备、制造过程及管理和计划调度的自动化，就需要对这些控制对象进行自动控制。作为自动化制造系统的子系统——自动化制造的控制系统，是整个系统的指挥中心和神经中枢，根据制造过程和控制对象的不同，先进的自动化制造系统多采用多层计算机控制的方法来实现整个制造过程及制造系统的自动化制造，不同层次之间可以采用网络化通信的方式来实现。

一、控制系统的基本组成

控制系统是制造过程自动化的最重要组成部分。一般而言，控制系统是指用控制信号（输入量）通过系统诸环节来控制被控量（输出量），使其按规定的方式和要求变化的系统。图 6-1 为几个简单控制系统的示例，在这些控制系统中都有一个需要控制的被控量，如图 6-1 中的温度、压力、液位等，在运行过程中要求被控量与设定值保持一致，但由于过程中干扰（如蒸汽压力、泵的转速、进料量的变化等）的存在，被控量往往偏离设定值，因此，这就需要一种控制手段，图 6-1（a）中是通过对蒸汽的流量、回流流量和出料流量的调节来达到的，这些用于调节的变量称为操作变量。

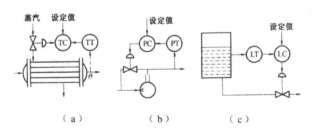

图 6-1 简单控制系统示例

（a）温度控制系统；（b）压力控制系统；（c）液位控制系统

不难看出，一般控制系统的控制过程为检测与转换装置将被控量检测并转换为标准信号，在系统受到干扰影响时，检测信号与设定值之间将存在偏差，该偏差通过控制器调节按一定的规律运行，控制器输出信号驱动执行机构改变操作变量，使被控量与设定值保持一致。可见，简单的控制系统是由控制器、执行机构、被控对象及检测与转换装置所构成的整体。其基本构成如图6-2所示。

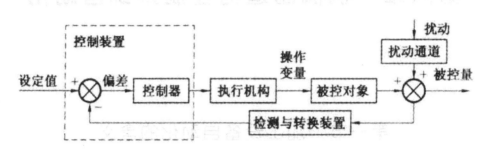

图6-2 控制系统的基本组成框图

检测与转换装置用于检测被控量，并将检测到的信号转换为标准信号输出。例如，用于温度测量的热电阻或热电偶、压力传感器和液位传感器等。在图6-1中分别用TT、PT和LT表示温度、压力和液位传感器。

控制装置用于检测装置输出信号与设定值进行比较，按一定的控制规律对其偏差信号进行运算，运算结果输出到执行机构。控制器可以采用模拟仪表的控制器或由微处理器组成数字控制器。在图6-1中分别用TC、PC和LC分别表示温度、压力和液位控制器。

执行机构是控制系统环路中的最终元件，直接用于控制操作变量变化，驱动被控对象运动，从而使被控量发生变化，常用的执行元件有电动机、液压马达、液压缸等。

被控对象是控制系统所要操纵和控制的对象。如换热器、泵和液位储罐等。

二、机械制造自动化控制系统的基本类型

机械制造自动化控制系统有多种分类方法，本书主要介绍以下几种。

（一）按给定量规律分类

1.恒值控制系统

在这种系统中，系统的给定输入量是恒值，它要求在扰动存在的情况下，输出量保持恒定。因此分析设计的重点是要求具有良好的抗干扰性能。

图6-3所示的电炉温度控制系统是恒值控制系统。图中u_r为给定的信号，u_f为由热电偶测得的反馈信号，$\Delta u = u_r - u_f$为偏差信号。当系统处于平衡状态时，$\Delta u = 0$，不产生调节作用。若由于扰动作用使温度下降，引起u_f减小，Δu为正，经放大器放大后产生控制作用u_m，使电动机M正向转动，并带动调压器的滑动触点向增大加热电流的

方向移动，直至偏差电压 $\Delta u = 0$，电动机不再转动，达到新的平衡状态为止。同理，若炉温比给定温度高时，将产生反向的调节过程。

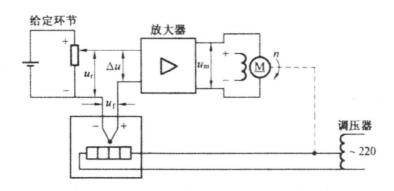

图 6-3 电炉温度控制系统示意图

2.程序控制系统

输入量是已知的时间函数，将输入量按其变化规律编制成程序，由程序发出控制指令，系统按照控制指令的要求运动。图 6-4 为数控机床控制系统示意图。它的输入是按已知的图纸要求编制的加工指令，以数控程序的形式输入到计算机中，同时在与刀盘相连接的位置传感器将刀具的位置信号变换成电信号，经过 A/D（模一数转换器）转换成数字信号，作为反馈信号输入计算机。计算机根据输入-输出信号的偏差进行综合运算后输出数字信号，送到 D/A（数一模转换器）转换成模拟信号，该模拟信号经放大器放大后，控制伺服电机驱动刀具运动，从而加工出图纸所要求的工件形状。

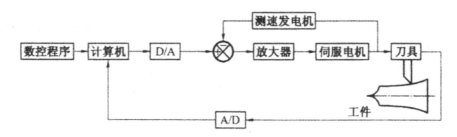

图 6-4 数控机床控制系统示意图

3.随动系统（伺服系统）

这种系统的给定量是时间的未知函数，即给定量的变换规律事先无法准确确定。但要求输出量能够准确、快速复现瞬时给定值，这是分析和设计随动系统的重点。国防工业的火炮跟踪系统、雷达导引系统、机械加工设备的伺服机构、天文望远镜的跟踪系统等都属于这类系统。图 6-5 所示是一个位置控制系统。

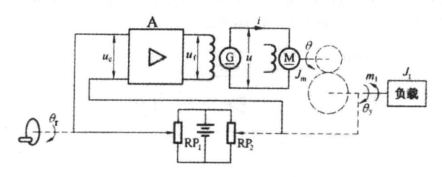

图 6-5 位置控制系统示意图

控制的目的是要使输出轴转角 θ_y 迅速准确地跟随输入轴的转角 θ_r 变化。当输入轴转过角度 θ_r 时，$\theta_y \neq \theta_r$，用一对旋转电位器 RP_1、RP_2 接成电桥形式来检测偏差 $\Delta\theta = \theta_r - \theta_y$，并转换成与 $\Delta\theta$ 成正比的电压 u_e，经放大器 A 放大后，输出电压 u_f，作用于发电机 G 的励磁绕组。电压 u_e 的大小和极性，决定了发电机端电压 u 的大小和极性，相应地也确定了电动机 M 的转速和转向，电动机 M 通过齿轮箱带动输出轴向偏差减小的方向转动。当 $\theta_y = \theta_r$ 时，偏差为零，电动机停止转动。

（二）按控制方式分类

1.开环控制系统

开环控制系统的特点是系统的输出与输入信号之间没有反馈回路，输出信号对控制系统无影响。开环控制系统结构简单，适用于系统结构参数稳定，没有扰动或扰动很小的场合。图 6-6 所示的电动机拖动负载开环控制系统原理图，其工作原理是：当电位器给出一定电压 U_v 后，晶闸管功率放大器的触发电路便产生一系列与电压 U_v 相对应的、具有一定相位的触发脉冲去触发晶闸管，从而控制晶闸管功率放大器输出电压 U_a。由于电动机 D 的励磁绕组中加的恒定励磁电流 i_f，因此随着电枢电压 U_a 的变化，电动机便以不同的速度驱动负载运动。如果要求负载以恒定的转速运行，则只需给定相应的恒定电压即可。图 6-7 为开环控制系统控制过程框图。

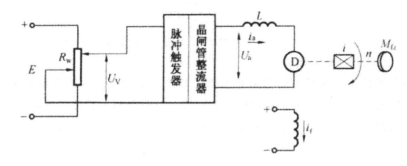

图 6-6 电动机拖动负载开环控制系统原理图

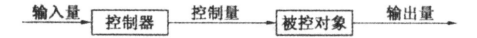

图 6-7 开环控制系统控制过程框图

2.闭环控制系统

系统的输出量对控制作用有直接影响的系统称为闭环控制系统。图 6-8 为电动机拖动负载闭环控制系统原理图，控制目的为保持电动机以恒定的转速运行。图中 CF 为测速发电机，其输出电压正比于负载的转速 n，如即 $U_{CF} = K_C n$。电压 U_r 为给定基准电压，其初值与电动机转速的期望值相对应。将 U_{CF} 反馈到系统输入端与 U_r 进行比较，观察负载转速并判断其是否与期望值发生偏差。在这一过程中，U_r 是系统的控制量（或控制信号），电压 U_{CF} 则是与被控量成正比的反馈量（或反馈信号）。反馈量 U_{CF} 与控制量 U_r 比较后得到电压差（偏差量）$\Delta U = U_r - U_{CF}$，如 $\Delta U \neq 0$，表明电动机转速在扰动量影响下偏离其期望值。图中 K 为放大环节，其作用是放大偏差量去控制伺服电机 SD，SD 转动产生的转角位移通过减速装置 i_2，移动电位器 R_w 的滑臂，得以改变电压 U_P 的量值，进而控制晶闸管功率放大器的输出电压 U_a 的大小和极性，使电动机转速得到控制。重复上述调节过程直到消除偏差，即 $\Delta U = 0$，使电动机转速 n 达到期望值为止。

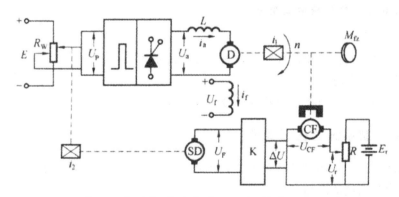

图 6-8 电动机拖动负载闭环控制系统原理图

由上述分析可知，图 6-8 所示电动机转速的控制引入了被控量，使被控量参与控制过程，形成一个完整的闭环控制，能很好地实现电动机转速恒定的自动控制。图 6-9 为该系统的控制过程框图。

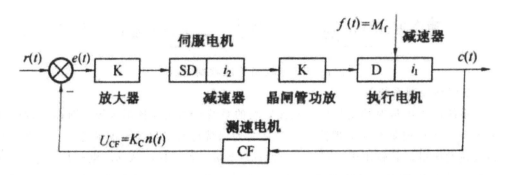

图 6-9 电动机转速闭环反馈控制系统控制过程框图

（三）按系统中传递信号的性质分类

1.连续控制系统

连续控制系统是指系统中传递的信号都是模拟信号，控制规律一般是用硬件组成的控制器实现的，描述此种系统的数学工具是微分方程和拉氏变换。

2.离散控制系统

离散控制系统是指系统中传递的信号是数字信号，控制规律一般用软件实现，通常采用计算机作为系统的控制器。

（四）按描述系统的数学模型分类

1.线性控制系统

线性控制系统是指可用线性微分方程来描述的系统。

2.非线性控制系统

非线性控制系统是指不能用线性微分方程来描述的系统。

三、对控制系统的性能要求

考虑到动态过程在不同阶段的特点，工程上通常从稳定性、准确性、快速性三个方面来评价控制系统的总体精度。

（一）稳定性

稳定性指系统在动态过程中的振荡倾向和系统重新恢复平衡工作状态的能力。稳定的系统中，当输出量偏离平衡状态时，其输出能随时间的增长收敛并回到初始平衡状态。稳定性是保证系统正常工作的前提。

（二）准确性

准确性是就系统过渡到新的平衡工作状态后，或系统受到干扰重新恢复平衡后，最终保持的精度而言，它反映动态过程后期的性能。一般用稳态误差来衡量，具体指系统稳定后的实际输出与希望输出之间的差值。

（三）快速性

快速性是就动态过程持续时间的长短而言，指输出量和输入量产生偏差时，系统消除这种偏差的快慢程度。用于表征系统的动态性能。

由于被控对象具体情况不同，各种控制系统对稳、快、准的要求有所侧重，应根据实际需求合理选择。例如，随动系统对"快"与"准"要求较高，调节系统则对稳定性要求严格。

对一个系统，稳定、准确、快速性能是相互制约的。提高过程的快速性，可能引起系统的强烈振荡；系统的平稳性得到改善后，控制过程又可能变得迟缓，甚至使最终精度很差。

第二节 顺序控制系统

顺序控制是指按预先设定好的顺序使控制动作逐次进行的控制，目前多用成熟的可编程序控制器来完成顺序控制。

图 6-10 是反馈控制系统原理框图，图 6-11 是顺序控制系统原理框图。比较图 6-10 和图 6-11 可看出，反馈控制系统与顺序控制系统的区别是，在反馈系统中有调节盒，而顺序控制系统中没有调节盒。将图 6-11 中的原理框图细化为图 6-12 中的基本概念图。

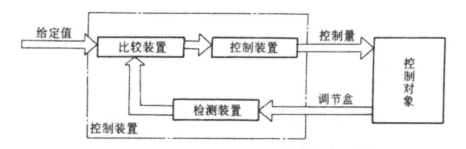

图 6-10 反馈控制系统原理框图

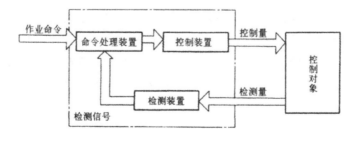

图 6-11 顺序控制系统原理框图

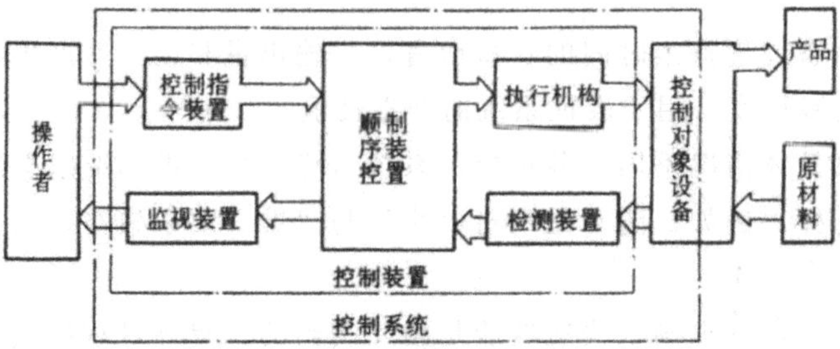

图 6-12 顺序控制系统的基本概念图

一、固定程序的继电器控制系统

一般来说，继电器控制系统的主要特点是利用继电器接触器的动合触点（用K表示）和动断触点的串、并联组合来实现基本的"与""或""非"等逻辑控制功能。

图 6-13 所示为"与""或""非"逻辑控制图。由图 6-13 可见，触点的串联叫作"与"控制，如 K_1 与 K_2 都动作时K才能得电；触点的并联叫作"或"控制，如 K_1 与 K_2 有一个动作K就得电；而动合触点 K_2 与动断触点 K_1 互为相反状态，叫作"非"控制。

在继电控制系统中，还常常用到时间继电器（例如延时打开、延时闭合、定时工作等），有时还需要其他控制功能，例如计数等。这些都可以用时间继电器及其他继电器的"与""或""非"触点组合加以实现。

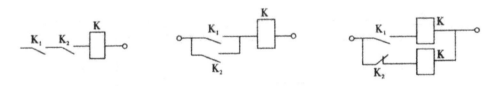

图 6-13 基本的"与""或""非"逻辑控制图

二、组合式逻辑顺序控制系统

若要克服继电接触器顺序控制系统程序不能变更的缺点，同时使强电控制的电路弱电化，只需将强电换成低压直流电路，再增加一些二极管构成所谓的矩阵电路即可实现。这种矩阵电路的优点在于：一个触点变量可以为多个支路所公用，而且调换二极管在电路中的位置能够方便地重组电路，以适应不同的控制要求。这种控制器一般由输入、输出、矩阵板（组合网络）三部分组成。其结构框图如图 6-14 所示。

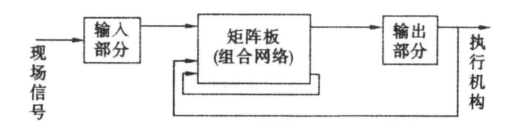

图 6-14 矩 阵 控 制 系 统 结 构 框 图

（一）输 入 部 分

输入部分主要由继电器组成，用来反映现场的信号，例如来自现场的行程开关、按钮、接近开关、光电开关、压力开关以及其他各种检测信号等，并把它们统一转换成矩阵板所能接收的信号送入矩阵板。

（二）输 出 部 分

输出部分主要由输出放大器和输出继电器组成，主要作用是把矩阵送来的电信号变成开关信号，用来控制执行机构。执行机构（如接触器、电磁阀等）是由输出继电器动合触点来控制的。同时，输出继电器的另一对动合触点和动断触点作为控制信号反馈到矩阵板上，以便编程中需要反馈信号时使用。

（三）矩 阵 板（组 合 网 络）

矩阵板及二极管所组成的组合网络，用来综合信号，对输入信号和反馈信号进行逻辑运算，实现逻辑控制功能。

第三节　计算机数字控制系统

计算机控制系统（Computer Numerical Control）是指为各种以电子计算机作为其主要组成部分的控制系统，由于制造过程中被控对象的不同，受控参数千差万别，因此用于制造过程自动化的计算机控制系统有着各种各样的类型。

一、计算机数字控制系统的组成及其特点

在计算机数字控制系统中，使用数字控制器代替了模拟控制器，以及为了数字控制器与其他模拟量环节的衔接增加了模数转换元件和数模转换元件，其组成主要有工业对象和工业控制计算机两大部分。工业控制计算机主要由硬件和软件两部分组成，硬件部分主要包括计算机主机、参数检测和输出驱动、输入输出通道（I/O）、人机交互设备等；软件是指计算机系统的程序系统。图 6-15 所示为计算机数字控制系统硬件基本组成框图。

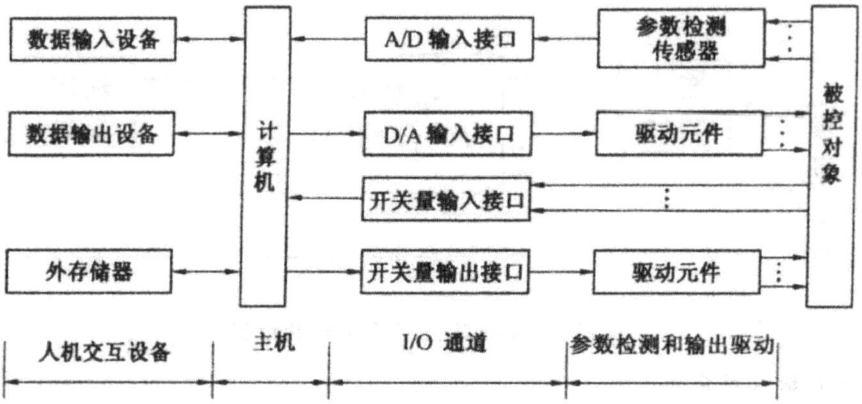

图 6-15 计算机数字控制系统硬件基本组成框图

（一）硬件部分

1.计算机主机

这是整个系统的核心装置，它由微处理器、内存储器和系统总线等部分构成。主机对输入反映的制造过程工况的各种信息进行分析、处理，根据预先确定的控制规律.做出相应的控制决策，并通过输出通道发出控制命令，达到预定的控制目的。

2.参数检测和输出驱动

被控对象需要检测的参数一般分为模拟量和开关量两类。对于模拟量参数的检测，主要是选用合适的传感器，通过传感器将待检参数（如位移、速度、加速度、压力、流量、温度等）转换为与之成正比的模拟量信号。

对被控对象的输出驱动，按输出的控制信号形式，也分为模拟量信号输出驱动和开关量信号输出驱动。模拟量信号输出驱动主要用于伺服控制系统中，其驱动元件有交流伺服电机、直流伺服电机、液压伺服阀、比例阀等。开关量信号输出驱动主要用于控制只有两种工作状态的驱动元件的运行，如电机的启动/停止、开关型液压阀开启/闭合、驱动电磁铁的通电/断电等。还有一种输出驱动，如对步进电机的驱动，是将模拟量输出控制信号转换成一定频率、一定幅值的开关量脉冲信号，通过步进电机驱动电源的脉冲分配和功率放大，驱动步进电机的运行。

3.输入输出（I/O）通道

I/O通道是在控制计算机和生产过程之间起信息传递和变换作用的装置，也称为接口电路：它包括模拟量输入通道（AI）、开关量输入通道（DI）、模拟量输出通道（AO）、开关量输出通道（DO）。一般由地址译码电路、数据锁存电路、I/O控制电路、光电隔离电路等组成。随着工业控制用计算机的商品化，I/O通道也已标准化、系列化。控制系统设计时，可以根据实际的控制要求，以及实际所采用的工业控制用计算机型号进行选用。

4.人机交互设备

人机交互设备是操作员与系统之间的信息交换工具，常规的交互设备包括CRT显示器（或其他显示器）、键盘、鼠标、开关、指示灯、打印机、绘图仪、磁盘等。操作员通过这些设备可以操作和了解控制系统的运行状态。

（二）软件部分

计算机系统的软件包含系统软件和应用软件两部分，系统软件有计算机操作系统、监控程序、用户程序开发支撑软件，如汇编语言、高级算法语言、过程控制语言以及它们的汇编、解释、编译程序等。应用软件是由用户开发的，包括描述制造过程、控制过程以及实现控制动作的所有程序，它涉及制造工艺及设备、控制理论及控制算法等各个方面，这与控制对象的要求及计算机本身的配置有关。

计算机控制系统的主要优点是具有决策能力，其控制程序具有灵活性。在一般的模拟控制系统中，控制规律是由硬件电路产生的，要改变控制规律就要更改硬件电路。而在计算机控制系统中，控制规律是用软件实现的，要改变控制规律，只要改变控制程序就可以了。这就使控制系统的设计更加灵活方便，特别是利用计算机强大的计算、逻辑判断和大容量的记忆存储等对信息的加工能力，可以完成"智能"和"柔性"功能。只要能编出符合某种控制规律的程序，并在计算机控制系统上执行，就能实现对被控参数的控制。

实时性是计算机数字控制系统的重要指标之一。实时，是指信号的输入、处理和输出都要在一定的时间（即采样时间）范围内完成，即计算机对输入信息以足够快的速度进行采样并进行处理及输出控制，如这个过程超出了采样时间，计算机就失去了控制的时机，机械系统也就达不到控制的要求。为了保证计算机数字控制系统的实时性，其控制过程一般可归纳为三个步骤：

第一，实时数据采集。对被控参数的瞬时值进行检测，并输入到计算机。

第二，实时决策。对采集到的状态量进行分析处理，并按已定的控制规律，决定下一步的控制过程。

第三，实时控制输出。根据决策，及时地向执行机构发出控制信号。

以上过程不断重复，使整个系统能按照一定的动态性能指标工作，并对系统出现的异常状态及时监督和处理。对计算机本身来讲，控制过程的三个步骤实际上只是反复执行算术、逻辑运算和输入、输出等操作。

二、计算机数字控制系统的分类

计算机在制造过程中的应用目前已经发展到了多种形式，根据其功能及结构特点，一般分为数据采集处理系统、直接数字控制系统（DDC）、监督控制系统（SCC）、分布控制系统（DCS）、现场总线控制系统（FCS）等几种类型。

（一）数据采集处理系统

在计算机的管理下，定时地对大量的过程参数实现巡回检测、数据存储记录、数据处理（计算、统计、整理等）、进行实时数据分析以及数据越限报警等功能。严格地讲，它不属于计算机控制，因为在这种应用中，计算机不直接参与过程控制，所得到的大量统计数据有利于建立较精确的数学模型，以及掌握和了解运行状态。

（二）直接数字控制系统（Direct Digital Control，DDC）

如图6-16所示，计算机通过测量元件对一个或多个物理量进行巡回检测，经采样和A/D转换后输入计算机，并根据规定的控规律和给定值进行运算，然后发出控制信号直接控制执行机构，使各个被控参数达到预定的要求。控制器常采用的控制算法有离散PID控制、前馈控制、串级控制、解耦控制、最优控制、自适应控制、鲁棒控制等。

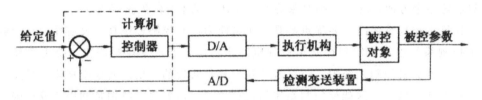

图6-16 计算机直接数字控制系统结构框图

（三）监督控制系统（Supervisory Computer Control，SCC）

在DDC系统中，计算机是通过执行机构直接进行控制的，而监督控制系统则由计算机根据制造过程的信息（测量值）和其他信息（给定值等），按照制造系统的数学模型，计算出最佳给定值，送给模拟调节器或DDC计算机控制生产过程，从而使制造过程处于最优的工况下运行。

监督控制系统有两种不同的结构形式：一种是SCC+模拟调节器；另一种是SCC+DDC控制系统。其构成分别如图6-17和图6-18所示。

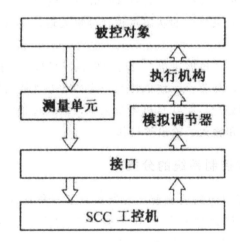

图6-17 SCC+模拟调节器的控制系统结构框图

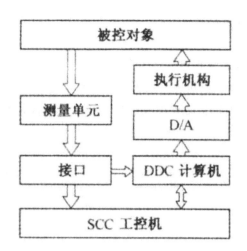

图 6-18 SCC+DDC 的控制系统结构框图

（四）分布式控制系统（Distributed Control System，DCS）

在生产中，针对设备分布广，各工序、设备同时运行这一情况，分布式控制系统采用若干台微处理器或微机分别承担不同的任务，并通过高速数据通道把各个生产现场的信息集中起来，进行集中的监视和操作，以实现高级复杂规律的控制，又称为集散式控制系统，其结构框图如图 6-19 所示。

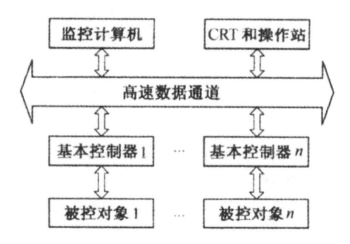

图 6-19 分布式控制系统结构框图

该控制系统的特点如下：

第一，容易实现复杂的控制规律。

第二，采用积木式结构，构成灵活，易于扩展。

第三，计算机控制和管理范围的缩小，使其应用灵活方便，可靠性高。

第四，应用先进的通信网络将分散配置的多台计算机有机联系起来，使之相互协调、资源共享和集中管理。

三、计算机数字控制系统实例

（一）数字计算机控制的轧钢机调节系统

实际上所有现代化的轧钢机都是由数字计算机调节和控制的。图6-20所示为该系统的基本原理。图6-21表示系统厚度控制的框图，其中D/A为数模转换，A/D为模数转换。

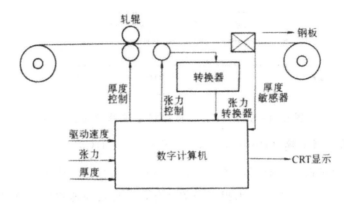

图6-20 轧钢机调节系统的基本原理

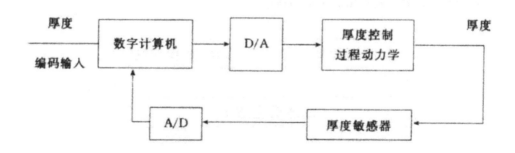

图6-21 轧钢机调节系统厚度控制框图

（二）步进电动机控制系统

图6-22所示的系统是用来控制计算机记忆磁盘读写头的。该系统不需用A/D和D/A转换器来使信号匹配，磁头驱动器系统中使用的驱动装置是由脉冲指令驱动的步进电动机，产生一个脉冲，步进电动机就转动一个固定的位移增量，然后磁头根据这个固定的位移增量读写磁盘的内容。因此，这个系统可以看作为全数字化系统。

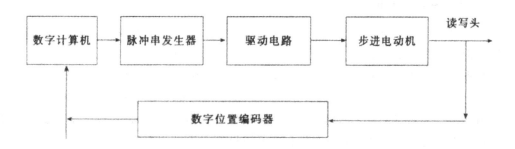

图 6-22 步进电动机控制系统框图

第四节　自适应控制系统

一、自适应控制的含义

在对象参数和扰动为未知或者随时间变化的条件下，如何设计一个控制器，使系统运行在某种意义下的最优或近似最优状态，这就是自适应控制所要解决的问题。如果把系统未知参数作为附加的状态变量，则状态后的系统方程就总是非线性的。因此，自适应控制所要解决的问题，实际上可表述为一个特殊的非线性随机控制问题。非线性随机控制的解法是极其复杂的，为了获得某种实用解法必须对它做出近似。自适应控制技术即是这种近似的设计方法。

二、自适应控制的基本内容

（一）模型参考自适应控制

所谓模型参考自适应控制，就是在系统中设置一个动态品质优良的参考模型，在系统运行过程中，要求被控对象的动态特性与参考模型的动态特性一致，例如要求状态一致或输出一致。典型的模型参考自适应系统如图6-23所示。

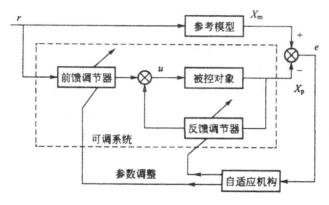

图 6-23 模型参考自适应控制系统框图

（二） 自校正控制

自校正控制的基本思想是当系统受到随机干扰时，将参数递推估计算法与对系统运行指标的要求结合起来，形成一个能自动校正的调节器或控制器参数的实时计算机控制系统。首先读取被控对象的输入 $u(t)$ 和输出 $y(t)$ 的实测数据，用在线递推辨识方法，辨识被控对象的参数向量 θ 和随机干扰的数学模型。按照辨识求得的参数向量估值 θ 和对系统运行指标的要求，随时调整调节器或控制器参数，给出最优控制 $u(t)$，使系统适应本身参数的变化和环境干扰的变化，处于最优的工作状态。典型的自校正控制方框图如图6-24所示。

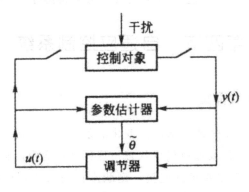

图6-24 自校正控制方框图

三、自适应控制系统的应用

在制造业中，所谓自适应性控制就是为使加工系统顺应客观条件的变化而进行的自动调节控制。图6-25所示为具有这种适应性控制功能的加工系统框图。

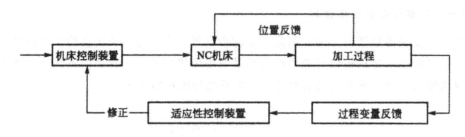

图6-25 自适应性控制功能的加工系统框图

由图6-25可知，这种系统中包括两种反馈系统：一种是闭环控制数控机床本身带有的位置环控制回路；另一种则是根据需要在加工过程中检测某些反映加工状态的过程变量信息，并将这种信息反馈给适应性控制装置，由其产生调节指令，以改变系统的某些功能与切削参数，最大限度地发挥了机床的效能，降低了生产成本。

第五节　DNC控制系统

一、DNC控制系统的概念

　　DNC最早的含义是直接数字控制（Direct Numerical Control），指的是将若干台数控设备直接连接在一台中央计算机上，由中央计算机负责NC程序的管理和传送。它解决了早期数控设备因使用纸带而带来的一系列问题。

　　目前，DNC已成为现代化机械加工车间的一种运行模式，它将企业的局域网与数控加工机床相连，实现了设备集成、信息集成、功能集成和网络化管理，达到了对大批量机床的集中管理和控制，成为CAD/CAM和计算机辅助生产管理系统集成的纽带。数控设备上网已经成为现代制造系统发展的必然要求，上网方式通常有两种：一是通过数控设备配置的串口（RS-232协议）接入DNC网络；二是通过数控设备配置的以太网卡（TCP/IP协议）接入DNC网络。流行且实用的方式是通过在数控设备的RS-232端连接一个TCP/IP协议转换设备将RS-232协议转换成TCP/IP协议入网，如图6-26所示，这种方式简单、方便、实用，具有许多优点，但从本质上讲它还是RS-232串口模式。

　　采用局域网通信方式大大提高了NC程序管理的效率，同时，通过TCP/IP通信协议进行网络通信的局域网模式即将成为一种普及的方式，其系统连接如图6-27所示。但就数控技术的发展现状而言，全面实施局域网式DNC还有相当一段距离，目前还是以串口（RS-232协议）接入DNC网络为主。

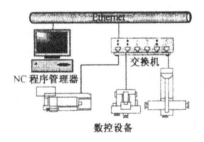

图6-26　串行通信RS-232的DNC网络结构图

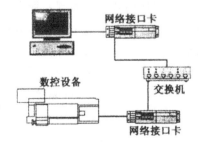

图6-27　局域网式DNC系统结构图

二、DNC控制系统的构成

随着数控技术、通信技术、控制技术、计算机技术、网络技术的发展，"集成"的思想和方法在DNC中占有越来越重要的地位，"集成"已成为现代DNC的核心。鉴于此，提出了集成DNC（简称IDNC）的概念，图6-28描绘了现代DNC控制系统的构成。

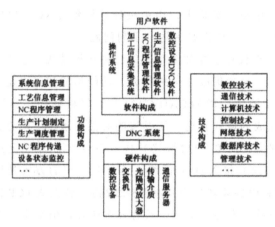

图6-28 DNC控制系统的构成

三、典型DNC系统的主要功能

（一）程序双向通信功能

一般DNC系统常采用客户/服务器结构，利用RS-232接口的通信功能或以太网卡控制功能，在数控设备端进行数据的双向传输等全部操作，可实现按需下载和按需发送，服务器端实现无人值守、自动运行。每台DNC计算机可管理多达256台数控设备，且支持多种通信协议，适应各种设备的通信要求（RS-232/422/485.TCP/IP，甚至特定的通信协议）。双向通信中一般还要求具有字符和字符串校验、文件的自动比较、数据的异地备份、智能断点续传的在线加工以及数控端的每项操作都有反馈消息（成功、失败、错误、文件不一致等）等功能。

（二）信息采集功能

传统的DNC系统只注重NC程序的传输与管理，而现代化的数控设备管理概念是将数控设备作为一个信息的节点纳入企业集成信息化的管理中，实时、准确、自动地为整个信息系统提供相应的数据，并实现管理层与执行层信息的交流和协同工作。

目前，DNC系统实现信息采集方式主要有以下几种。

第一种是RS-232协议的串口模式。一般数控系统都配置有RS-232串口，因此只要数控系统具有I/O变量输出功能，即可实现信息采集。这种方式无须数控设备增加任何硬件和修改PLC，因此，对各种数控系统实现信息采集具有普遍性。

第二种是TCP/IP协议的以太网模式。随着技术的发展，数控设备配置以太网功能已是大势所趋，而以太网方式的信息采集内容更加丰富，是未来的发展方向。

第三种是各种总线模式。此种模式需要专用的通信协议和专用的硬件，且需要修改数控系统的PLC，需要得到数控系统厂商的技术支持，这种方式的网络只适用于同类型数控系统且管理模式单一的网络系统，因此，不具有通用性的发展意义。

DNC系统具备信息采集功能，其目的主要是以下两个方面：一是实现对数控设备的实时控制；二是实现生产信息的实时采集与数据的查询。前者要做到，控制数控设备上的程序修改，非法修改后，设备不能启动；控制数控设备上的刀具寿命，超过寿命后未换刀，设备不能启动。后者应实现，设备实际加工时间统计、实际加工数量统计、停机统计、设备加工/停机状态的实时监测、设备利用率统计、设备加工工时统计等。

（三）　与生产管理系统的集成功能

传统的DNC程序管理属于自成一体，单独使用，其数控程序传递到数控设备的方式为按需下载模式，即操作人员在需要的时候通过DNC网络下载需要的数控程序，其优点是操作人员下载程序方便、灵活、自由度高；缺点是容易下载到错误的程序，不能按照生产任务的派产进行程序的下载。目前的DNC系统既可以做到程序的按需下载，同时也可以做到通过与生产管理系统、信息采集系统进行无缝集成的方式，实现数控程序的按需发送，其优点是操作工只能下载到当前已经排产的数控程序，而不会下载到错误的程序，可以严格执行生产任务安排，防止无序加工；缺点是操作人员下载程序的灵活性降低。

（四）　数控程序管理功能

数控程序是企业非常重要的资源，DNC可以实现对NC程序进行具备权限控制的全寿命管理，从创建、编辑、校对、审核、试切、定型、归档、使用直到删除。具体包括NC程序内容管理、版本管理、流程控制管理、内部信息管理、管理权限设置等功能。

1.内容管理

它包括程序编辑、程序添加、程序更名、程序删除、程序比较、程序行号管理、程序字符转换、程序坐标转换、加工数据提取、程序打印、程序模拟仿真。

2.版本管理

DNC系统中，按照一定的规范设计历史记录文件格式和历史记录查询器，每编辑一次NC程序，将编辑前的状态保存在这个记录文件中，以方便用户进行编辑追踪。

3.流程控制管理

NC程序的状态一般分为编辑、校对、审核、验证、定型五种，具体管理过程如下：NC程序编辑完成后，提请进行程序校对，以减少错误，校对完成后，提交编程主管进行审核，审核通过后开始进行试加工，在此过程中可能还需要对NC程序进行编辑修改，修改完成后再审核，直到加工合格后，由相关人员对程序内容和配套文档做整理验证，验证完成后提请主管领导定型，定型后的程序供今后生产的重复使用。

4.内部信息管理

它主要指对NC程序内部属性进行管理，如程序号、程序注释、轨迹图号、零件图号、所加工的零件号、加工工序号、机床、用户信息等，还包括对加工程序所用刀具清单、工艺卡片等进行管理。

5.管理权限设置

用户权限管理主要是给每个用户设置不同的NC程序管理权限，以避免自己或别人对NC程序进行误编辑，体现责任分清。

（五）与PDM系统集成功能

目前，能够满足企业各方面应用的PDM产品应具有以下功能：文档管理、工作流和过程管理、产品结构与配置管理、查看和批注、扫描和图像服务、设计检索和零件库、项目管理、电子协作等。

数控程序从根本上讲属于文档资料的范畴，可以使用PDM系统进行管理，但由于数控程序的特殊性，它的使用对象不仅限于工艺编程与管理人员在企业局域网上使用，更重要的且最终使用对象是数控设备，且使用过程中需要不断地与数控机床进行数据交换，因此，只有使DNC与PDM系统进行无缝集成，才能使PDM系统更加灵活地管理数控程序文件。

第六节　多级分布式计算机控制系统

一、多级分布式计算机控制系统的结构和特征

随着小型、微型计算机的出现，逐渐形成了计算机网络系统，其功能犹如一台大型计算机，而且在众多方面优于单一的大型计算机系统。制造业中有许多任务要处理数字式输入和输出信号，这些任务由微型机和小型机完成是非常合适的。计算机系统设计者详细分析工厂控制这一复杂系统时往往会发现，这些系统能够进一步划分成模块化的子系统，由小型或微型计算机分别对它们进行控制，每台计算机完成总任务中的一个或多个功能模块，于是引入了所谓的多级分布式计算机控制系统，或称递阶控制系统。

在计算机多级控制系统中，计算机形成一个像工厂（企业、公司）管理机构一样的塔形结构，其一般结构如图6-29所示。

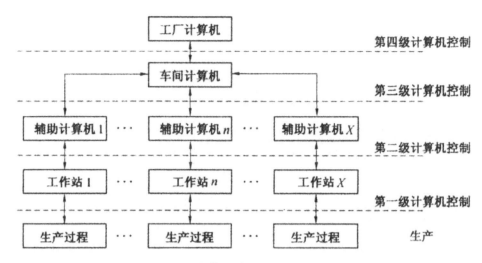

图 6-29　计算机多级控制系统结构框图

多级系统中的各种计算机由许多通信线路连接在一起，通过通信线路形成的信息通道，既向上传送数据和状态，也将各种命令等从上向下传送到各个生产设备。

在多级系统中，数据处理通常采用分布式的。即重复的功能和控制算法，诸如数据的收集、控制命令的执行等直接控制任务，是由最低一级来处理。反之，总任务的调度和分配、数据的处理和控制等则在上一级完成。这种功能的分散，其主要好处集中表现在提高最终控制对象的数据使用率，并减少由于硬件、软件故障而造成整个系统失效的事故。

二、多级分布式计算机控制系统的互联技术

（一）多级分布式计算机系统的局域网络（Local Area Network，LAN）

随着多级系统的发展和自动化制造系统规模的不断扩大，如何将各级系统有机地连接在一起，这就很自然地提出了所谓网络的要求。局域网络正是能满足这种要求的网络单元，它可以将分散的自动化加工过程和分散的系统连接在一起，可以大大改善生产加工的可靠性和灵活性，使之具有适应生产过程的快速响应能力，并充分利用资源，提高处理效率。网络技术成为多级分布式计算机控制系统的关键技术之一。

一般来说，局域网络由以下几部分组成：双绞线、同轴电缆或光纤作为通信媒介的通信介质，以星形、总线形或环形的方式构成的拓扑结构，网络连接设备（网桥、集成器等），工作站，网络操作系统，以及作为网络核心的通信协议。

图 6-30 为适用于中小型企业的局域网络工业控制系统结构图。该系统网络结构由上下两层以太网（Ethernet）组成，采用 TCP/IP 通信协议，利用 TCP/IP 提供的进程间通信服务进行异种机进程间实时通信，快速地在控制器与设备间进行报文交换，达到实时控制的目的。上下两层局域网时间用网桥互联，图中的工作站既是生产设备的控制器，又起到设备入网的连接作用。生产设备与工作站之间可通过 RS-232 接口进行

点一点通信。

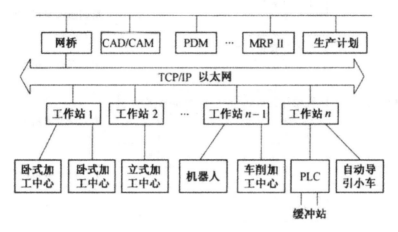

图6-30局域网络工业控制系统结构图

(二) 多级分布式计算机系统点一点通信

点一点通信是把低层设备与其控制器直接相连后实现信息交换的一种通信方式，在分布式工业控制系统中用得很多，其原因主要如下。

1.分布式工业控制系统中有许多高档加工设备，例如各种加工中心、高精度测量机等，它们都在单元控制器管理下协调地工作，因此需要把它们和单元控制器连接起来。一般有两种连接方法：第一种方法是通过局域网互联，对于具有联网能力的加工设备可以采用这种方法；第二种方法是把设备用点一点链路与控制器直接连接。两种连接方法如图6-31所示。目前，具有网络接口功能的设备还不是很多，因此大多采用第二种方法。

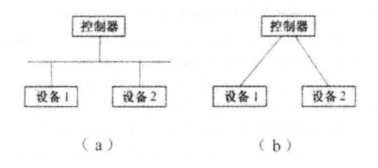

图6-31 设备与控制器连接方式

（a）局域网连接方式；（b）点点连接方式

2.点一点通信所需费用低，易于实现，几乎所有的低层设备及计算机都配备有串行通信接口，只要用介质把接口正确连接起来就建立了通信的物理链路。因此这种方法比用局域网所需费用低很多，实现起来也很简单。

点一点通信物理接口标准化工作进行得较早，效果也最显著，使用最广泛的是由美国电子工业协会（EM）提出的 RS-232C 串行通信接口标准，它规定用 25 针连接器，并定义了其中20根针脚的功能，详细功能可查阅手册。具体使用RS-232C时，常常不用全部20条信号线而只是取其子集，例如计算机和设备连接时，由于距离较短，不需调制解调器（MODEM）作为中介，只要把其中的三个引脚互连，如图6-32所示，其中的TXD是数据发送端，RXD是数据接收端，SG是信号地。在规程方面，RS-232C可用于单向发送或接收、半双工、全双工等多种场合，因此RS-232C有许多接口类型。对应于每类接口，规定了相应的规程特性，掌握这些规程特性，对于接口的正确设计与正常工作是至关重要的。

RS-232C为点一点通信提供了物理层协议，但这些协议都是由厂家或用户自行规定的，因此兼容性差。例如，若单元控制器直接连接两台不同厂家的设备，那么在控制器中就要开发两套不同的通信驱动程序才能分别与两台设备互联通信，这种不兼容性造成低层设备通信开支的浪费。因此点一点通信协议的标准化、开发或配置具有直接联网通信接口的低层设备已成为用户的迫切要求。

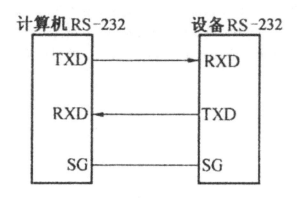

图6-32 计算机与设备互连

（三）制造自动化协议（MAP）

MAP是基于ISO的开放系统互联OSI基本参考模型形成的，有七层结构，MAP 3.0与OSI的兼容性更好，图6-33是MAP的协议结构，由于实时要求，局域网的MAC协议选用802.4的Token Bus，网络层选用无连接型网络服务。

图 6-33 MAP 协议参考模型结构

制造信息规范（Manufacturing Message Specification9MMS）是自动化制造环境中一个极为重要的应用层协议，由于控制语言是非标准化的，造成即使具有标准的网络通信机制，不同生产厂商的设备仍无法交换信息，因而迫切需要一种"行规"来解决不同类型设备，不同厂商的产品进行统一管理、控制和操作，MMS 就是为此而制定的。

第七章　机械加工设备的自动化

第一节　自动化加工设备的基础

　　自动化加工设备根据自动化程度、生产率和配置形式不同，可以分为不同的类型。自动化加工设备在加工过程中能够高效、精密、可靠地自动进行加工。所谓高效，就是生产率要达到一定高的水平；所谓精密，即加工精度要求成品公差带的分散度小，成品的实际公差带要压缩到图样中规定的一半或更小，期望成品不必分组选配，从而达到完全互装配，便于实现"准时方式"的生产；所谓可靠，就是其设备已能达到极少故障，利用班间休息时间按计划换刀，能常年三班制不停地生产。此外，还应能进一步集中工序和具有一定的柔性。

　　自动化加工设备按自动化程度可以分为自动化单机、刚性自动化生产线、刚性综合自动化系统、柔性制造单元、柔性制造系统。

一、加工设备自动化的意义及分类

（一）加工设备自动化的意义

　　各类金属切削机床和其他机械加工设备是机械制造的基本生产手段和主要组成单元。加工设备生产率得到有效提高的主要途径之一是采取措施缩短其辅助时间。加工设备工作过程自动化可以缩短辅助时间，改善工人的劳动条件和减轻工人的劳动强度，因此，世界各国都十分注意发展机床和加工设备的自动化。不仅如此，单台机床或加工设备的自动化，能较好地满足零件加工过程中某个或几个工序的加工半自动化和自动化的需要，为多机床管理创造了条件，是建立自动生产线和过渡到全盘自动化的必要前提，是机械制造业更进一步向前发展的基础。因此，加工设备的自动化是零件整个机械加工工艺过程自动化的基本问题之一，是机械制造厂实现零件加工自动化的基础。

（二）自动化加工设备的分类

随着科学技术的发展，加工过程自动化水平不断提高，使得生产率得到了很大的提高，先后开发了适应不同生产率水平要求的自动化加工设备，主要有以下种类。

1.全（半）自动单机

该类设备又分为单轴和多轴全（半）自动单机两类。

它利用多种形式的全（半）自动单机固有的和特有的性能来完成各种零件和各种工序的加工，是实现加工过程自动化普遍采用的方法。机床的形式和规格要根据需要完成的工艺、工序及坯料情况来选择；此外，还要根据加工品种数、每批产品和品种变换的频度等来选用控制方式。在半自动机床上有时还可以考虑增设自动上下料装置、刀库和换刀机构，以便实现加工过程的全自动。

2.专用自动机床

该类机床是专为完成某一工件的某一工序而设计的，常以工件的工艺分析作为设计机床的基础。其结构特点是传动系统比较简单，夹具与机床结构的联系密切，设计时往往作为机床的组成部件来考虑，机床的刚性一双比通用机床要好。这类机床在设计时所受的约束条件较少，可以全面地考虑实现自动化的要求。因而，从自动化的角度来看，它比改装通用机床优越。但是，有时由于新设计的某些部件不够成熟，要花费较多的调整时间。如果用于单件或小批量生产，则造价较高，只有当产品结构稳定、生产批量较大时才有较好的经济效果。

3.组合机床

该类机床由70%~90%的通用零、部件组成，可缩短设计和制造周期，可以部分或全部改装。组合机床是按具体加工对象专门设计的，可以按最佳工艺方案进行加工，加工效率和自动化程度高；可实现工序集中，多面多刀对工件进行加工，以提高生产率；可以在一次装夹下多轴对多孔加工，有利于保证位置精度，提高产品质量；可减少工件工序间的搬运。机床大量使用通用部件使得维护和修理简化，成本降低。主要用于箱体、壳体和杂体类零件的孔和平面加工，包括钻孔、扩孔、铰孔、镗孔、车端面、加工内外螺纹和铣平面等，转塔动力箱或可换主轴箱的组合机床，可适用于中等批量生产。

4.数控机床

数控（NC）机床是一种用数字信号控制其动作的新型自动化机床，它按指定的工作程序、运动速度和轨迹进行自动加工。现代数控机床常采用计算机进行控制，即称为CNC，加工工件的源程序（包括机床的各种操作、工艺参数和尺寸控制等）可直接输入到具有编程功能的计算机内，由计算机自动编程，并控制机床运行。当加工对象改变时，除了重新装夹零件和更换刀具外，只需更换数控程序，即可自动地加工出新零件。数控机床主要适用于加工单件、中小批量、形状复杂的零件，也可用于大批量生产，能提高生产率，减轻劳动强度，迅速适应产品改型。在某些情况下，具有较高的加工精度，并能保证精度的一致性，可用来组成柔性制造系统或梁性自动线。

5.加工中心

数控加工中心（MC）是带有刀库和自动换刀装置的多工序数控机床，工件经一次装夹后，能对两个以上的表面自动完成铣、镗、钻、铰等多种工序的加工，并且有多种换刀或选刀功能，使工序高度集中，显著减少原先需多台机床顺序加工带来的工件装夹、调整机床间工件运送和工件等待时间，避免多次装夹带来的加工误差，使生产率和自动化程度大大提高。根据功能可将其分为镗铣加工中心、车削加工中心、磨削加工中心、冲压加工中心以及能自动更新多轴箱的多轴加工中心等。加工中心适用于加工复杂、工序多、要求较高、需各种类型的普通机床和众多刀具夹具、需经过多次装夹和调整才能完成加工的零件，或者是形状虽简单，但可以成组安装在托盘上，进行多品种很流加工的零件，可适用于中小批量生产，也可用于大批量生产，具有很高的柔性，是组成柔性制造系统的主要加工设备。

6.柔性制造单元

柔性制造单元（FMC）一般由1~3台数控机床和物料传输装置组成。单元内没有刀具库、工件储存站和单元控制系统。机床可自动装卸工件、更换刀具、检测工件的加工精度和刀具的磨损情况，可进行有限工序的连续加工，适于中小批量生产应用。

7.加工自动线

加工自动线是由工件传输系统和控制系统将一组自动机床和辅助设备技工艺顺序连接起来，可自动完成产品的全部或部加工过程的生产系统，简称自动线。在自动线工作过程中，工件以一定的生产节拍，按工艺顺序自动经过各个工位，完成预定的工艺过程。按使用的工艺设备分，自动线可分为通用机床自动线、专用机床自动线、组合机床自动线等类型。采用自动线生产可以保证产品质量，减轻工人劳动强度，获得较高的生产率。其加工工件通常是固定不变的或变化很小，因此只适用于大批量生产场合。

二、自动化加工设备的特殊要求及实现方法

（一）高生产率

自动化生产的主要目的是提高劳动生产率和机器生产率，这是机械制造自动化系统高效率运行必须解决的基本问题。在工艺过程实现自动化时，采用的自动化措施都必须符合不断提高生产率的要求。

1.减少与加工工作有关的时间消耗用建立连续自动线、采用快速的自动化空行程机构、自动检验、自动排除切屑和周期性装料的机械手及自动化装置来减少。

2.减少与刀具有关的时间损失可设置刀具储存库、自动换刀机械手、刀具自动调节装置、自锐装置、强制性换刀等措施来减少。

强制性换刀，就是对一个工位或一个多轴箱上的刀具进行一定的正常切削条件下切削次数统计，得出刀具刃磨一次所能进行正常加工的最小次数，然后按该最小次数

来控制该工位或多轴箱上所有刀具的换刀时间。

3.减少与自动化设备有关的时间损失可采用自动补偿磨损和自动减少磨损的机构、自动防护装置、优良的耐磨材料及合理的维修制度和自动诊断系统等来减少。

4.减少由于交接班和缺少毛坯引起的时间损失可以设置工序间、生产线间、工段间、车间的自动化储料仓，采用自动记录仪和电子计算机管理等方法来减少这类时间损失。

5.减少与废品有关的时间损失可以采用各种主动的工艺过程中的自动检验装置、自适应控制系统、刀具磨损的自动补偿装置等，来自动调节机构参数和工件的几何参数，以及采用强制性换刀等措施，以有效地降低废品，减少与废品有关的时间损失。

6.减少重调整及准备结束时间用现代化的数控自动机、工艺可变的柔性自动线、计算机控制的可变加工系统及自动线，或设置各种各样的"程序控制"和"程序自动转换装置""工夹具快速调整"等机构，都能使自动生产时的重调整时间和准备结束时间减少到最低限度。

采用上述的相应措施，力求使相应的时间损失减到最小，使自动化机床的生产率不断提高。

（二）加工精度的高度一致性

产品质量的好坏，是评价产品本身和自动加工系统是否具有使用价值的重要标准。保证产品加工精度，防止工件发生成批报废，是自动化加工设备工作的前提。

影响加工精度的因素包括以下几个方面：

1.由刀具尺寸磨损所引起的误差加工零件时，刀具的尺寸磨损往往是对加工表面的尺寸精度和形状精度产生决定性影响的因家之一。在自动化加工设备上设置工件尺寸自动测量装置，或以切创力或力矩、切削温度、噪声及加工表面粗糙度为判据刀具磨损进行间接测量的装置，也可在线自动检测出刀具磨损状况并将测量、检测的结果经转换后由控制系统控制刀具补偿装置进行自动补偿，借以确保加工精度的一致性。在没有自动检测及刀具补偿装置的设备中，可以以刀具寿命为判据进行强制性换刀，这种方法在加工中心和柔性制造系统中应用最广，且刀具寿命数据和已用切削时间由计算机控制。

2.由系统弹性变形引起的加工误差在加工系统刚性差的情况下，系统的弹性变形可引起显著的加工误差，尤其在精加工中，工艺系统的刚度是影响加工精度和表面粗糙度的因素之一；在为中、大批量生产而采用的专用机床、组合机床及自动化生产线，一般是专为某一产品或同一族产品的某一工序专门设计，可以在设计中充分考虑加工条件下的力学特性，保证机床有足够的刚度。

3.切削用量对表面质量的影响切削用量的选择对加工表面粗粮度有一定的影响。自动化加工设备在保证生产率要求的同时，合理地选用切削用量，满足对工件加工表面质量的要求。

4.机床的尺寸调整误差引起的加工误差在自动化生产中，零件是在已调整好的机床上加工，采用自动获得尺寸的方法来达到规定的尺寸精度，因此，机床本身的尺寸调整及机床相对工件位置的调整精度对保证工件的加工精度有重大的意义。自动化加工设备在正式生产前都应按所要求的调整尺寸进行调整，并按规定公差调好刀具。调整方法：可以根据样件和对刀仪进行调整，也可通过试切削进行调整。

（三）自动化加工设备的高度可靠性

产品的质量和加工成本以及设备的生产率取决于机械加工设备的工作可靠性。设备的实际生产率随着其工作可靠性的提高而接近于设计设定理论值，且充分地发挥了设备的工作能力。

通常，设备是由下列四种原因而停机。

1.设备的各种装置（如机床各部件、夹具、输送装置、液压装置、电气设备、控制系统元件等）的工作故障。

2.刀具的工作故障。

3.设备定期计划停机。

4.因组织原因而停车（如缺少毛坯、刀具等）。

故障可分为两类，第一类是设备的各种机构和装置的工作故障；第二类是不能保证规定加工精度的故障。

故障类型可按故障密度（故障率）随运转时间而变化的模式来辨识。基本上可分为三种。

初期故障：这类故障出现在设备运转的初始阶段，设备故障的出现在开始时最高，故障密度随着时间的增加而迅速减少。初期故障主要是基于固有的不可靠性，如材料的缺陷、不成熟的设计、不精细的制造和开始时的操作失误。查出这类故障并使设备运转稳定是很重要的。故障率的迅速降低是由于掌握了设备的操作，排除了所发现的制造缺陷和配合件的运转磨合的结果。

偶然（随机）故障：在此阶段，故障密度稳定，故障随机地出现往往是由于对设备突然加载超过了允许强度或未估计到的应力集中等。

磨损故障：由零件的机械磨损、疲劳、化学腐蚀及与使用时间有关的材料性质改变等引起，此时故障密度随时间延长而急剧上升。

上述三类故障与生产保养密切相关。在初期故障期，增加检查次数以查明故障原因极为重要，并应将信息送回设计制造部门以便改进或修正保养措施，健全的质量管理措施可以把初期故障减到最小。在偶然故障期间，日常保养如清洗、加油和重新调节等应当与检查同时进行，力求减少故障率以延长有效寿命。在磨损故障期内，设备变坏或磨损，应采用改善的保养措施来减少故障密度和减缓磨损。

设备工作的可靠性，取决于设备元件的可靠性、元件的数量及其连接方式。对于串联连接的自动线来说，在刚性输送关系的条件下，一个元件的失效会引起全线停车，这时把自动线分段可提高整条自动线的可靠性和生产率。

设备的可靠性取决于运行时的无故障水平及修理的合适性，实施综合的设计措施和工艺措施以及采用合理的使用规程可提高其无故障特性。不断地改进结构并改善其制造工艺，可随着时间的推移而提高利用系数和生产率。改进设备元件的结构，在设备运转时及时查明损坏的系统，就能提高修理的合适性。对于易发生故障的易损零部件和机构，应采用快速装拆的连接结构，用备件来成组更换特别有效，此时，由技术方面引起的故障可在短时间内排除。并联一个相同元件或备用分支系统，采用备用手动控制和管理都可以减少停机时间，从而提高可靠性。

（四）自动化加工设备的柔性

由于产品需求日益多样化，更新换代加快，产品寿命周期缩短，多品种批量（尤其是中小批量）生产已是机械制造业生产形态的主流。因此，对自动化加工设备的柔性要求也越来越高。柔性主要表现在加工对象的灵活多变性，即可以很容易地在一定范围内从一种零件的加工更换为另一种零件的加工的功能。柔性自动化加工是通过软件来控制机床进行加工，更换另一种零件时，只需改变有关软件和少量工夹具（有时甚至不必更换工夹具），一般不需对机床、设备进行人工调整，就可以实现对另一种零件的加工，进行批量生产或同时对多个品种零件进行混流生产。这将显著地缩短多品种生产中设备调整和生产准备时间。

对用于中小批量生产的自动化加工系统，应考虑使其具有以下一些机能。

1.自动变换加工程序的机能对于自动化加工设备，可以设置一台或一组电子计算机，或用可编程控制器，作为它的生产控制及管理系统，就可以使系统具备按不同产品生产的需要，在不停机的情况下，方便迅速地自动变更各种设备工作程序的机能，减少系统的重调整时间。

2.自动完成多种产品或零件加工的机能在加工系统中所设置的工件和随行夹具的运输系统以及加工系统都具有相当大的通用性和较高的自动化程度，使整个系统具备在成组技术基础上自动完成多个产品或零件族的加工的机能。

3.对加工顺序及生产节拍随机应变的机能具有高度柔性的加工系统，应具有对各种产品零件加工的流程顺序以及生产节拍随机变换的机能，即整个系统具有能同时按不同加工顺序以不同的运送路线，按不同的生产节拍加工不同产品的机能。

4.高效率的自动化加工及自动换刀机能采用带刀库及自动换刀装置的数控机床，能使系统具有高效率的自动加工及自动换刀机能，减少机床的切削时间和换刀时间，使系统具有高的生产率。

5.自动监控及故障诊断机能为了减少加工设备的停机时间和检验时间，保证设备有良好的工作可靠性和加工质量，可以设置生产过程的自动检验、监控和故障诊断装置，从而提高设备的工作可靠性，减少停机及废品损失。

并不是所有设备都要求达到以上机能，可以根据具体生产要求和实际情况，对设备提出不同规模和功能的柔性要求，并采取相应的实施措施。

另一方面，对于用于少品种大批量生产的刚性加工系统，也应考虑增加一些柔性环节。例如，在组成刚性自动线的设备中也可以使用具有柔性的数控加工单元，或者使用主轴箱可更换式数控机床，以增加对产品变换的适应性和加工的柔性。在由刚性输送装置组成的工件运输系统中可以设置中间储料仓库，增加自动线间使的柔性，避免由于某一单元的故障造成整个系统的停机时间损失。

第二节　单机机动化方案

单机自动化是大批量生产提高生产率、降低成本的重要途径。单击自动化往往具有投资省、见效快等特点，因而在大批量生产中被广泛采用。

一、实现单机自动化的方法

实现单机自动化的方法概括有以下四种，分别叙述如下。

（一）采用通用自动化或半自动机床实现单机自动化

这类机床主要用于轴类和盘套类零件的加工自动化，例如单轴自动车床、多轴自动车床或半自动车床等。使用单位一般可根据加工工艺和加工要求向制造厂购买，不需特殊订货。这类自动机床的最大特点是可以根据生产需要，在更换或调整部分零部件（例如凸轮或靠模等）后，即可加工不同零件，适合于大批量多品种生产。因此，这类机床使用比较广泛。

（二）采用组合机床实现单机自动化

组合机床一般适合于箱体类和杂件类（例如发动机的连杆等）零件的平面、各种孔和孔系的加工自动化。组合机床是一种以通用化零部件为基础设计和制造的专用机床，一般只能对一种（或一组）工件进行加工，往往能在同一台机床上对工件实行多面、多孔和多：厂位加工，加工工序可高度集中，具有很高的生产率。由于这台机床的主要零、部件已通用化和已批量生产，因此，组合机床具有设计、制造周期短，投资省的优点，是箱体类零件和杂体类零件大批量实现单击自动化的重要手段。

（三）采用专用机床实现单机自动化

专用机床是为一种零件（或一组相似的零件）的一个加工工序而专门设计制造的自动化机床。专用机床的结构和部件一般都是专门设计和单独制造的，这类机床的设计、制造时间往往较长，投资也较多，因此采用这类机床时，必须考虑以下基本原则。

1.被加工的工件除具有大批量的特点外，还必须结构定型。

2.工件的加工工艺必须是合理可靠的。在大多数情况下，需要进行必要的工艺试验，以保证专用机床所采用的加工工艺先进可靠，所完成的工序加工精度稳定，

3.采用一些新的结构方案时，必须进行结构性能试验，待取得较好的结果后，方能在机床上采用。

4.必须进行技术经济分析。只有在技术经济分析认为效益明显后，才能采用专用

机床实现单机自动化。

（四）采用通用机床进行自动化改装实现单机自动化

在一般机械制造厂中，为了充分发挥设备潜力，可以通过对通用机床进行局部改装，增加或配置自动上、下料装置和机床的自动工作循环系统等，实现单机自动化。由于对通用机床进行自动化改装要受被改装机床原始条件的限制，要按被加工工件的被加工精度和加工工艺要求来确定改装的内容，而且各种不同类型和用途的机床具有各不相同的技术性能和结构，被加工工件的工艺要求也各不相同，所以改装涉及的问题比较复杂，必须有选择地进行改装。总的来说，机床改装的投资少，见效快，能充分发挥现有设备的潜力，是实现单机自动化的重要途径。

二、单机自动化方案

在机械制造业的工厂中，拥有大量的、各种各样的通用机床。为了提高劳动生产率，减轻工人的劳动强度，对这类机床进行自动化改装，以实现工序自动化，或用以连成自动线，是进行技术改造、挖掘现有设备潜力的途径之一。自动化机床的"自动"主要体现在自动化机床的加工循环自动化、装卸工件自动化、刀具自动化和检测自动化四个方面，其自动化大大减少了空程辅助时间，降低了工人的劳动强度，提高了产品质量和劳动生产率。

（一）加工过程运动循环自动化

加工过程运动循环是指在工件的一个工序的加工过程中，机床刀具和工件相对运动的循环过程。切削加工过程中，刀具相对于工件的运动轨迹和工作位置决定被加工零件的形状和尺寸，实现了机床运动循环自动化，切削加工过程就可以自动进行。

自动循环可以通过机械传动、液压传动和气动-液压传动方法实现。对于比较复杂的加工循环，一放采用继电器程序控制器控制其动作，采用挡块或各种传感器控制其运动行程。

1.机械传动系统运动循环自动化

（1）运动的接通和停止在机械传动系统中，运动的接通和停止有三种方式，分别是凸轮控制、挡块-杠杆控制、挡块-开关-离合器控制。三种控制方式的原理及优缺点如下：

①凸轮控制的控制原理是在分配轴上安装不同形状的凸轮，通过操纵杠杆或行程开关控制各执行机构。主要适于大批量生产中的单一零件加工，受机床结构影响较大，应用较多。

②挡块-杠杆控制其控制原理是运动部件上的挡块碰撞杠杆操纵离合器或运动部件。其特点是控制简单，受机床结构影响较大，操纵系统磨损大，应用较少。

③挡块-开关-离合器控制其控制原理是运动部件上的挡块压下行程开关，通过电磁铁、气缸或液压缸操纵离合器或运动部件。其特点是机械结构较简单，容易改变程序，但控制系统比较复杂，应用较多。

（2）快速空行程运动和工作进给的自动转换机床自动化改装时，要求机床具有快速运动，以缩短空行程时间。在机床传动系统中，快速运动既可来自于主传动装置中某一根中间轴，也可用单独的快速电动机驱动。

进给装置一般都有工作进给的正、反向变换装置，快速进给接通时，正反向离合器 M_3 和 M_4 都处于脱开状态。

机床快速移动实现机械化后，再在运动部件上装挡块，用挡块压行程开关，发出离合器通、断和电动机开、停及正反转控制指令，就可实现快速空行程运动和工作进给运动的自动转换。

2.气动和液压传动的自动循环由于气动和液压传动的机械结构简单，容易实现自动循环，动力部件和控制元件的安装都不会有很大困难，故应用较广泛。

在机床改装中，还经常采用气动-液压传动，即用压缩空气作动力，用液压系统中的阻尼作用使运动平稳和便于调速。动力气缸与阻尼液压缸有串联和并联两种形式。

实现气动和液压自动工作循环的方法相同，都是通过方向阀来控制。

（二）装卸工件自动化

自动装卸工件装置是自动机床不可缺少的辅助装置。机床实现了加工循环自动化之后，还只是半自动机床，在半自动机床上配备自动装卸工件装置后，由于能够自动完成装卸工作，因而自动加工循环可以连续进行，即成为自动机床。

自动装卸工件装置通常称自动上料装置，它所完成的工作包括将工件自动安装到机床夹具上，以及加工完成后从夹具中卸下工件。其中的重要部分在于自动上料过程采用的各种机构和装备，而卸料机构在结构上比较简单，在工作原理上与上料机构有若干共同之处。

根据原材料及毛坯形式的不同，自动上料装置有以下三大类型。

1.卷料（或带料）上料装置在加工时，当以卷料（卷状的线材）或带料（卷状的带材）作毛坯时，将毛坯装上自动送料机构，然后从轴卷上拉出来经过自动校直被送向加工位置。在一卷材料用完之前，送料和加工是连续进行的。

2.棒料上料装置当采用棒料作为毛坯时，将一定长度的棒料装在机床上，按每一工件所需的长度自动送料。在用完一根棒料之后，需要进行一次手工装料。

3.单件毛坯上料装置当采用锻件或将棒料预先切成单件坯料作为毛坯时，机床上设置专门的件料上料装置。

前两类自动上料装置多用于冲压机床和通用（单轴和多轴）自动机，第三类使用得比较多，下面主要介绍单件毛坯的自动上料装置。

根据工作特点和自动化程度的不同，单件毛坯自动上料装置有料仓式上料装置和料斗式上料装置两种形式。

料仓式上料装置是一种半自动的上料装置，不能使工件自动定向，需要由工人定时将一批工件按照一定的方向和位置，顺序排列在料仓中，然后由送料机构将工件逐个送到机床夹具中去。

料斗式上料装置是自动化的上料装置，工人将单个工件成批地任意倒进料斗后，料斗中的定向机构能将杂乱堆放的工件进行自动定向，使之按规定的方位整齐排列，并按一定的生产节拍把工件送到机床夹具中去。

3. 自动换刀装置

在自动化加工中，要减少换刀时间，提高生产率，实现加工过程中的换刀自动化要刀架转位自动化，自动转位刀架应当有较高的重复定位精度和刚性，应便于控制。

刀架的转位可以由刀架的退刀（回程）运动带动，也可以由单独的电动机、气缸、液压缸等带动。由退刀运动带动的转位，不需单独的驱动源，而用挡块和杠杆操纵。

第三节　数控机床加工中心

数控机床是一种高科技的机电一体化产品，是由数控装置、伺服驱动装置、机床主体和其他辅助装置构成的可编程的通用加工设备，它被广泛应用在加工制造业的各个领域。加工中心是更高级形式的数控机床，它除了具有一般数控机床的特点外，还具有自身的特点。与普通机床相比，数控机床最适宜加工结构较复杂、精度要求高的零件，以及产品更新频繁、生产周期要求短得多品种小批量零件的生产。当代的数控机床正朝着高速度、高精度化、智能化、多功能化、高可靠性的方向发展。

一、数控机床概述

（一）数控机床的概念与组成

数字控制，简称数控。数控技术是近代发展起来的一种用数字量及字符发出指令并实现自动控制的技术。采用数控技术的控制系统称为数控系统。

数字控制机床，简称数控机床，它是综合应用了计算机技术、微电子技术、自动控制技术、传感器技术、伺服驱动技术、机械设计与制造技术等多方面的新成果而发展起来的，采用数字化信息对机床运动及其加工过程进行自动控制的自动化机床。数控机床改变了用行程挡块和行程开关控制运动部件位移量的程序控制机床的控制方式，不但以数字指令形式对机床进行程序控制和辅助功能控制，并对机床相关切削部件的位移量进行坐标控制。与普通机床相比，数控机床不但具有适应性强、效率高、加工质量稳定和精度高的优点，而且易实现多坐标联动，能加工出普通机床难以加工的曲线和曲面。数控加工是实现多品种、中小批量生产自动化的最有效方式。

数控机床主要是由信息载体、数控装置、伺服系统、测量反馈系统和机床本体等组成。

1. 信息载体信息载体又称控制介质，它是通过记载各种加工零件的全部信息（如每件加工的工艺过程、工艺参数和位移数据等）控制机床的运动，实现零件的机械加工。常用的信息载体有纸带、磁带和磁盘等。信息载体上记载的加工信息要经输入装置输送给数控装置。

常用的输入装置有光电纸带输入机、磁带录音机和磁盘驱动器等。对于用微型机控制的数控机床，也可用操作面板上的按钮和键盘将加工程序直接用键盘输入到机床数控装置，并在显示器上显示。随着微型计算机的广泛应用，穿孔谐和穿孔卡已被淘汰，磁盘和通信网络正在成为最主要的控制介质。

2.数控装置数控装置是数控机床的核心，它由输入装置、控制器、运算器、输出装置等组成。其功能是接受输入装置输入的加工信息，经处理与计算，发出相应的脉冲信号送给伺服系统，通过伺服系统使机床按预定的轨迹运动。它包括微型计算机电路、各种接口电路、CRT显示器、键盘等硬件以及相应的软件。

3.伺服系统伺服系统的作用是把来自数控装置的脉冲信号转换为机床移动部件的运动，使机床工作台精确定位或按预定的轨迹作严格的相对运动，最后加工出合格的零件。

伺服系统包括主轴驱动单元、进给驱动单元、主轴电动机和进给电动机等。一般来说，数控机床的伺服系统，要求有好的快速响应性能，以及能灵敏而准确地跟踪指令功能。

现在常用的是直流伺服系统和交流伺服系统，而交流伺服系统正在取代直流伺服系统。

4.测量反馈系统测量反馈系统由检测元件和相应的电路组成，其作用是检测机床的运动方向、速度、位移等参数，并将物理量反馈回来送给机床数控装置，构成闭环控制。它可以包含在伺服系统中。没有测量反馈装置的系统称为开环系统。常用的测量元件主要有脉冲编码器、光树、感应同步器和磁尺等。

5.适应控制系统适应控制系统的作用是检测机床当前的环境（如温度、振动、电源、摩擦、切削等参数），将检测到的信号输入到机床的数控装置，使机床及时发出补偿指令，从而提高加工精度和生产率。适应控制装置多数用来加工高精度零件，一般数控机床很少采用此类装置。

6.机床本体机床本体也称主机，包括床身、立柱、主轴、工作台（刀架）、进给机构等机构部件。由于数控机床的主运动、各个坐标轴的进给运动都由单独的伺服电动机驱动，因此它的传动链短、结构比较简单，各个坐标轴之间的运动关系通过计算机来进行协调控制。为了保证快速响应特性，数控机床上普遍采用精密滚珠丝杠和直线运动导轨副。为了保证高精度、高效率和高自动化加工，数控机床的机械结构应具有较好的动态特性、耐磨性和抗热变形性能，同时还有一些良好的配套措施，如冷却、自动排屑、防护、润滑、编程机和对刀仪等。

（二）数控机床的分类

按照工艺用途分，数控机床可以分为以下三类。

1.一船数控机床这类机床和普通机床一样，有数控车床、数控铣床、数控钻床、数控镗床、数控磨床等，每一类都有很多品种。例如，在数控磨床中，有数控平面磨床、数控外圆磨床、数控工具磨床等。这类机床的工艺可靠性与普通机床相似，不同的是它能加工形状复杂的零件。这类机床的控制轴数一般不超过三个。

2.多坐标数控机床有些形状复杂的零件用三坐标的数控机床还是无法加工，如螺旋桨、飞机曲面零件的加工等，此时需要三个以上坐标的合成运动才能加工出需要的形状，为此出现了多坐标数控机床。多坐标数控机床的特点是数控装置控制轴的坐标数较多，机床结构也比较复杂，现在常用的是4～6坐标的数控机床。

3.加工中心机床数控加工中心是在一般数控机床的基础上发展起来的，装备有可容纳几把到几百把刀具的刀库和自动换刀装置。一般加工中心还装有可移动的工作台，用来自动装卸工件。工件经一次装夹后，加工中心便能自动地完成诸如铣创、钻削、攻螺纹、镗削、铰孔等工序。

（三）数控机床的特点

数控机床是一种由数字信号控制其动作的新型自动化机床，现代数控机床常采用计算机进行控制，即CNC。数控机床是组成自动化制造系统的重要设备。

一般数控机床通常是指数控车床、数控铣床、数控镗铣床等，它们的下述特点对其组成自动化制造系统是非常重要的。

1.柔性高

数控机床具有很高的柔性。它可适应不同品种和尺寸规格工件的自动加工。当加工零件改变时，只要重新编制数控加工程序和配备所需的刀具，不需要靠模、样板、钻铿模等专用工艺装备。特别是对那些普通机床很难甚至无法加工的精密复杂表面（如螺旋表面），数控机床都能实现自动加工。

2.自动化程度高

数控程序是数控机床加工零件所需的几何信息和工艺信息的集合。几何信息有走刀路径、插补参数、刀具长度半径补偿值；工艺信息有刀具、主轴转速，进给速度、切削液开关等。在切削加工过程中，自动实现刀具和工件的相对运动，自动变换切削速度和进给速度，自动开、关切削液，数控车床自动转位换刀。操作者的任务是装卸工件、换刀、操作按键、监视加工过程等。

3.加工精度高、质量稳定

现代数控机床装备有CNC数控装置和新型伺服系统，具有很高的控制精度，普遍达到1μm，高精度数控机床可达到0.2μm。数控机床的进给伺服系统采用闭环或半闭环控制，对反向间隙和丝杠螺距误差以及刀具磨损进行补偿，因而数控机床能达到较高的加工精度。对中小型数控机床，定位精度普遍可达到0.03mm，重复定位精度可达到0.01mm。数控机床的传动系统和机床结构都具有很高的刚度和稳定性，制造精度也比普通机床高。当数控机床有3～5轴联动功能时，可加工各种复杂曲面，并能获得较高的精度。由于按照数控程序自动加工避免了人为的操作误差，因而同一批加工零件的尺寸一致性好，加工质量稳定。

4.生产效率较高

零件加工时间由机动时间和辅助时间组成，数控机床的机动时间和辅助时间比普通机床明显减少。数控机床主轴转速范围和进给速度范围比普通机床大，主轴转速范围通常为 $10\sim6000r/min$，高速切削加工时可达 $15000\ r/min$，进给速度范围上限可达到 $10\sim12\ m/min$，高速切削加工进给速度甚至超过 $30m/min$，快速移动速度超过 $30\sim60m/min$。主运动和进给运动一般为无级变速，每道工序都能选用最有利的切削用量，空行程时间明显减少。数控机床的主轴电动机和进给驱动电动机的驱动能力比同规格的普通机床大，机床的结构刚度高，有的数控机床能进行强力切削，有效地减少机动时间。

5.具有刀具寿命管理功能构成

FMC 和 FMS 的数控机床具有刀具寿命管理功能，可对每把刀的切削时间进行统计，当达到给定的刀具耐用度时，自动换下磨钢刀具，并换上备用刀具。

6.具有通信功能

现代数控机床一般都具有通信接口，可以实现上层计算机与 CNC 之间的通信，也可以实现几台 CNC 之间的数据通信，同时还可以直接对几台 CNC 进行控制。通信功能是实现 DNC、FMC、FMS 的必备条件。

二、加工中心简介

加工中心通常是指锤铣加工中心，主要用于加工箱体及壳体类零件，工艺范围广。加工中心具有刀具库及自动换刀机构、回转工作台、交换工作台等，有的加工中心还具有交换式主轴头或卧一立式主轴。加工中心目前已成为一类广泛应用的自动化加工设备，它们可作为单机使用，也可作为 FMC、FMS 中的单元加工设备。加工中心有立式和卧式两种基本形式，前者适合于平面形零件的单面加工，后者特别适合于大型筋体零件的多面加工。

（一）加工中心的概念和特点

加工中心是一种备有刀库并能按预定程序自动更换刀具，对工件进行多工序加工的高效数控机床。加工中心与普通数控机床的主要区别在于它能在一台机床上完成多台机床上才能完成的工作。

现代加工中心有以下特征。

1.加工中心是在数控机床的基础上增加自动换刀装置，使工件在一次装夹后，可以自动地、连续地完成对工件表面的多工步加工，工序高度集中。

2.加工中心一般带有自动分度回转工作台或主轴箱，可自动转角度，从而使工件一次装夹后，自动完成多个表面或多个角度位置的多工序加工。

3.加工中心能自动改变机床的主轴转速、进给量和刀具相对工件的运动轨迹及其他辅助功能。

4.加工中心如果带有交换工作台，工件在工作位置的工作台进行加工的同时，另外的工件可在装卸位置的工作台进行装卸，不必停止加工。

加工中心由于具有上述特征，可以大大减少工件装夹、调整和测量时间，使加工中心的切削时间利用率高于普通机床3～4倍，大大提高了生产率，同时可避免工件多次定位所产生的累积误差，提高加工精度。

（二）加工中心的组成

1.基础部件

基础部件是加工中心的基础结构，由床身、立柱和工作台等组成，它用来承受加工中心的静载荷以及在加工时产生的切削负载，必须具有足够高的静态和动态刚度，通常是加工中心中体积和质量最大的部件。

2.主轴部件

主轴部件由主轴箱、主轴电动机、主轴和主轴轴承等零件组成。主轴的启停等动作和转速均由数控系统控制，并且通过装在主轴上的刀具进行切削。主轴部件是切削加工的功率输出部件，是影响加工中心性能的关键部件。

3.数控系统

加工中心的数控部分由CNC装置、可编程序控制器、伺服驱动装置以及电动机等部分组成，它是加工中心执行顺序控制动作和控制加工过程的中心。

4.自动换刀系统

自动换刀系统由刀库、机械手等部件组成。当需要换刀时，数控系统发出指令，由机械手（或其他装置）将刀具从刀库中取出并装入主轴孔。刀库有盘式、转塔式和链式等多种形式，容量从几把到几百把不等。机械手根据刀库和主轴的相对位置及结构不同有单臂、双臂和轨道等形式。有的加工中心不用机械手而直接利用主轴或刀库的移动实现换刀。

5.辅助装置

辅助装置包括润滑、冷却、排屑、防护、液压、气动和检测系统等部分。这些装置虽然不直接参与切削运动，但对于加工中心的加工效率、加工精度和可靠性起着保障作用，也是加工中心中不可缺少的部分。

6.自动托盘交换系统

有的加工中心为进一步缩短非切削时间，配有两个自动交换工件的托盘，一个安装工件在工作台上加工，另一个则位于工作台外进行工件装卸。当一个工件完成加工后，两个托盘位置自动交换，进行下一个工件的加工，这样可以减少辅助时间，提高加工效率。

（三）加工中心的分类

加工中心根据其结构和功能，主要有以下两种分类方式。

1.按工艺用途分

（1）铣镗加工中心

它是在镗、铣床基础上发展起来的、机械加工行业应用最多的一类加工设备。其加工范围主要是铣削、钻创和镗削，适用于箱体、壳体以及各类复杂零件特殊曲线和曲面轮廓的多工序加工，适用于多品种小批量加工。

（2）车削加工中心

它是在车床的基础上发展起来的，以车削为主，主体是数控车床，机床上配备省转塔式刀库或由换刀机械手和链式刀库组成的刀库。其数控系统多为 2～3 轴伺服控制，即 X、Z、C 轴，部分高性能车削中心配备有铣削动力头。

（3）钻削加工中心

钻削加工中心的加工以钻削为主，刀库形式以转塔头为多，适用于中小零件的钻孔、扩孔、铰孔、攻螺纹等多工序加工。

2.按主轴特征分

（1）卧式加工中心

卧式加工中心是指主轴轴线水平设置的加工中心。它一般具有 3～5 个运动坐标，常见的是三个直线运动坐标加一个回转运动坐标（回转工作台），它能够在工件一次装夹后完成除安装面和顶面以外的其余四个面的镗、铣、钻、攻螺纹等加工，最适合加工箱体类工件。

卧式加工中心有多种形式，如固定大柱式和固定工作台式。固定立柱式的卧式加工中心的立柱不动，主轴箱在立柱上做上下移动，而工作台可在水平面上做两个坐标移动；固定工作台式的卧式加工中心的三个坐标运动都由立柱和主轴箱移动来实现，安装工件的工作台是固定不动的（不做直线运动）。

与次式加工中心相比，卧式加工中心结构复杂、占地面积大、质量大、价格高。

（2）立式加工中心

立式加工中心主轴的轴线为垂直设置，其结构多为固定立柱式。工作台为十字滑台，适合加工盆类零件。一班具有三个直线运动坐标，并可在工作台上安平轴的数控转台来加工螺旋线类零件。立式加工中心的结构简单、占地面积小、价格低。立式加工中心配备各种附件后，可满足大部分工件的加工。

大型的龙门式加工中心，主轴多为垂直设置，尤其适用于大型或形状复杂的工件。航空、航天工业及大型汽轮机上的某些零件的加工都需要用多坐标龙门式加工中心。

（3）立卧两用加工中心

某些加工中心具有立式和卧式加工中心的功能，工件一次装夹后能完成除安装面外所有侧面和顶面等五个面的加工，也称五面加工中心、万能加工中心或复合加工中心。

常见的五面加工中心有两种形式：一种是主轴可以旋转 90°，既可以像立式加工中心那样工作，也可以像卧式加工中心那样工作；另一种是主轴不改方向，而工作台可以带着工件旋转 90°，完成对工件五个表面的加工。

五面加工中心的加工方式可以使工件的形位误差降到最低，省去了二次装夹的工装，从而提高了效率，降低了加工成本。但五面加工中心由于存在着结构复杂、造价高、占地面积大的缺点，所以在使用上不如其他类型的加工中心普遍。

第四节　机械加工自动化生产线

机械加工自动化生产线（简称自动线）是一种用运输机构联系起来的由多台自动机床（或工位）、工件存放装置以及统一自动控制装置等组成的自动加工机器系统。

一、自动线的特征

自动线能减轻工人的劳动强度，并大大提高劳动生产率，减少设备布置面积，缩短生产周期，缩减辅助运输工具，减少非生产性的工作量，建立严格的工作节奏，保证产品质量，加速流动资金的周转和降低产品成本。自动线的加工对象通常是固定不变的，或在较小的范围内变化，而且在改变加工品种时要花费许多时间进行人工调整。另外，其初始投资较多。因此，自动线只适用于大批量的生产场合。

自动线是在流水线的基础上发展起来的，它具有较高的自动化程度和统一的自动控制系统，并具有比流水线更为严格的生产节奏性等。在自动线的工作过程中，工件以一定的生产节拍，按照工艺顺序自动地经过各个工位，在不需工人直接参与的情况下，自行完成预定的工艺过程，最后成为合乎设计要求的制品。

二、自动线的组成

自动线通常由工艺设备、质量检查装置、控制和监视系统、检测系统以及各种辅助设备等所组成。由于工件的具体情况、工艺要求、工艺过程、生产率要求和自动化程度等因素的差异，自动线的结构及其复杂程度常常有很大的差别。但是其基本部分大致是相同的。

三、自动线的类型

自动线的类型可从以下三方面分类。

（一）按工件外形和切削加工过程中工件运动状态分类

1. 旋转体工件加工自动线

这类自动线由自动化通用机床、自动化改装的通用机床或专用机床组成，用于加工轴、盘及环类工件，在切削加工过程中工件旋转。这类自动线完成的典型工艺是：车外因、车内孔、车槽、车螺纹、磨外圆、磨内乱、磨端面、磨糟等。

2. 箱体、杂类工件加工自动线

这类自动线由组合机床或专用机床组成，在切创过程中工件固定不动，可以对工件进行多刀、多轴、多面加工。这类自动线完成的典型工艺是：钻孔、扩孔、铰孔、短孔、铣平面、铣槽、车端面、套车短外因、加工内外螺纹以及径向切槽等。随着技术的发展，车削、磨削、拉削、仿形加工、研磨等工序也纳入了组合机床自动线。

（二）按所用的工艺设备类型分类

1.通用机床自动线

这类自动线多数是在流水线基础上，利用现有的通用机床进行自动化改装后连成的。其建线周期短、制造成本低、收效快，一般多用于加工盘类、环类、轴、套、齿轮等中小尺寸、较简单的工件。

2.专用机床自动线

这类自动线所采用的工艺设备以专用自动机床为主。专用自动机床由于是针对某一种（或某一组）产品零件的某一工序而设计制造的，因而其建线费用较高。这类自动线主要针对结构比较稳定、生产纲领比较大的产品。

3.组合机床自动线

用组合机床连成的自动线，在大批量生产中日益得到普遍的应用。由于组合机床本身具有一系列优点，特别是与一般专用机床相比，其设计周期短，制造成本低，而且已经在生产中积累了较丰富的实践经验，因此组合机床自动线能收到较好的使用效果和经济效益。这类自动线在目前大多用于箱体、杂类工件的钻、扩、绞、撞、攻螺纹和铣削等工序。

（三）按设备连接方式分类

1.刚性连接的自动线

在这类自动线中没有贮料装置，机床按照工艺顺序依次排列。工件出输送装置从一个工位传送到下一工位，直到加工完毕。其工件的加工和输送过程具有严格的节奏性，当一个工位出现故障时，会引起全线停车。因此，这种自动线采用的机床和辅助设备都要具有良好的稳定性和可靠性。

2.柔性连接的自动线

在这类自动线中没有必要的贮料装置，可以在每台机床之间或相隔若干工位设置贮料装置，贮备一定数量的工件，当一台机床（或一段）因故障停车时，其上下上位（或工段）的机床在一定时间内可以继续工作。

四、自动钱的控制系统

自动线为了按严格的工艺顺序自动完成加工过程，除了各台机床按照各自的工序自动地完成加工循环以外，还需要有输送、排屑、储料、转位等辅助设备和装置配合并协调地工作，这些自动机床和辅助设备依靠控制系统连成一个有机的整体，以完成预定的连续的自动工作循环。自动线的可靠性在很大程度上决定于控制系统的完善程度和可靠性。

自动线的控制系统可分为三种基本类型：行程控制系统、集中控制系统和混合控制系统。

行程控制系统没有统一发出信号的主令控制装置，每一运动部件或机构在完成预定的动作后发出执行信号，启动下一个（或一组）运动部件或机构，如此连续下去直到完成自动线的工作循环。由于控制信号一般是利用触点式或无触点式行程开关，在执行机构完成预定的行程量或到达预定位置后发出，因而称之为行程控制系统。行程控制系统实现起来比较简单，电气控制元件的通用性强，成本较低。在自动循环过程中，若前一动作没有完成，后一动作就得不到启动信号，因而控制系统本身具有一定的互锁性。但是，当顺序动作的部件或机构较多时，行程控制系统不利于缩短自动线的工作节拍；同时，控制线路电器元件增多，接线和安装会变得复杂。

集中控制系统由统一的主令控制器发出各运动部件和机构顺序工作的控制信号。一般主令控制器的结构原理是在连续或间歇回转的分配轴上安装若干凸轮，按调整好的顺序依次作用在行程开关或液压（或气动）阀上；或在分配圆盘上安装电刷，依次接通电触点以发出控制信号。分配轴每转动一周，自动线就完成一个工作循环。集中控制系统是按预定的时间间隔发出控制信号的，所以也称为"时间控制系统"。集中控制系统电气线路简单，所用控制元件较少，但其没有行程控制系统那样严格的连锁性，后一机构按一定时间得到启动情号，与前一机构是否已完成了预定的工作无关，可靠性较差。集中控制系统适用于比较简单的自动线，在要求互锁的环节上，应设置必要的连锁保护机构。

混合控制系统综合了行程控制系统和集中控制系统的优点，根据自动线的具体情况，将某些要求连锁的部件或机构用行程控制，以保证安全可靠，其余无连锁关系的动作则按时间控制，以简化控制系统。混合控制系统大多在通用机床自动线和专用（非组合）机床自动线中应用。

第五节　柔性制造单元和系统

一、柔性制造单元

随着对产品多样化、降低制造成本、缩短制造用期和适时生产等需要的日趋迫切，以及以数控机床为基础的自动化技术的快速发展，1967 年 Molins 公司研制了第一个柔性制造系统（flexiblemanufhturingsystem，FMS）。FMS 的产生标志着传统的机械制造行业进入了一个发展变革的新时代，自其诞生以来就显示出强大的生命力。它克服了传统的刚性自动线只适用于大量生产的局限性，表现出了对多品种、中小批量生产制造自动化的适应能力。

在以后的几十年中，FMS 逐步从实验阶段进入商品化阶段，并广泛应用于制造业的各个领域，成为企业提高产品竞争力的重要手段。FMS 是一种在批量加工条件下，高柔性和高自动化程度的制造系统。它之所以获得迅猛发展，是因为它综合了高效率、高质量及高柔性的特点，解决了长期以来中小批量和中大批量、多品种产品生产自动化的技术难题。

在 FMS 诞生八年之后，出现了柔性制造单元（flexible manufaturing cell，FMC），

它是FMS向大型化、自动化工厂发展时的另一个发展方向——向廉价化、小型化发展的产物。尽管则FMC可以作为组成FMC的基本单元，但由于FMC本身具备了FMS绝大部分的特性和功能，因此FMC可以看作独立的最小规模的FMSo

柔性制造单元通常由1～3台数控加工设备、工业机器人、工件交换系统以及物料运输存储设备构成。它具有独立的自动加工功能，一般具有工件自动传送和监控管理功能，以适应于加工多品种、中小批量产品的生产，是实现柔性化和自动化的理想手段。由于FMC的投资比FMS小，技术上容易实现，因此它是一种常见的加工系统。

（一）柔性制造单元的组成形式

通常，FMC有两种组成形式：托盘交换式和工业机器人搬运式。

托盘交换式FMC主要以托盘交换系统为特征，一般具有5个以上的托盘，组成环形回转式托盘库。托盘支承在环形导轨上，由内侧的环形拖动而回转，链轮由电动机驱动。托盘的选择和定位由可编程控制器（PLC）进行控制，借助终端开关、光电编码器来实现托盘的定位检测。

这种托盘交换系统具有存储、运送、检测、工件和刀具的归类以及切削状态监视等功能。该系统中托盘的交换由设在环形交换导轨中的液压或电动推拉机构来实现。这种交换首先指的是在加工中心上加工的托盘与托盘系统中备用托盘的交换。如果在托盘系统的另一端再设置一个托具工作站，则这种托盘系统可以通过托具工作站与其他系统发生联系，若干个FMC通过这种方式，可以组成一条FMS线。目前，这种柔性系统正向高柔性、小体积、便于操作的方向发展。

FMC由于属于无人化自动加工单元，因此一般都具有较完善的自动检测和自动监控功能。如刀尖位置的检测、尺寸自动补偿、切削状态监控、自适应控制、切屑处理以及自动清洗等功能，其中切削状态的监控主要包括刀具折断或磨损、工件安装错误的监控或定位不准确、超负荷及热变形等工况的监控，当检测出这些不正常的工况时，便自动报警或停机。

（二）柔性制造单元的特点和应用

柔性制造单元具有如下特点。

1.柔性

柔性制造单元的柔性是指加工对象、工艺过程、工序内容的自动调整性能。加工对象的可调整性即产品的柔性，FMC能加工尺寸不同、结构和材料亦有差异的"零件族"的所有工件；工艺过程的可调整性包括对同一种工件可改变其工序顺序或采用不同的工序顺序；工序内容的可调整性包括同一工件在同一台加工中心上可采用的加工工步、装夹方式和工步顺序、切削用量的可调整性。

2.自动化

柔性制造单元使用数控机床进行加工，采用自动输送装置实现工件的自动运输和自动装卸，由计算机对工件的加工和输送进行控制，实现了制造过程的自动化。

3.加工精度和效率高，质量稳定

由于柔性制造单元由数控设备构成，所以其具备数控设备的效率高、加工质量稳定相精度高的特点。

4.同FMS相比，FMC的投资和占地面积相对较小

柔性制造单元虽然具有柔性的特点，但由于受其设备数量的限制设备种类比较少，所以一个聚性制造单元不可能同时具备加工主体结构不同的各类零件的能力。柔性制造单元一般针对某一类零件设计，能够满足该成组零件的加工要求，如轴类零件柔性加工单元和箱体类零件柔性加工单元。柔性制造单元一般用于中小企业成批生产中。

（三）柔性制造单元的发展趋势

FMC正向装配FMC及其他功能FMC方向发展。为适应组成系统的需要，

FMC不但用来组成FMS，还部分地用来组成柔性制造线，并将从中小批量柔性自动化生产领域向大批量生产领域扩散应用。

FMC的发展趋势之一是以FMC为基础的网络化。它是由FMC与局部网络（LAN）组成的所谓"中小企业分散综合型FMS"。这些FMC之间的信息流用"LAN环"加以连接，因此可以共同使用CAD/CAM站的信息、技术等，构成了物和信息有机结合的生产系统。目前，国外正致力于开发研究分散型FMC的课题。

二、柔性制造系统

20世纪60年代以来，随着生活水平的提高，用户对产品的需求向着多样化、新颖化方向发展，传统的适用于大批量生产的自动线生产方式已不能满足企业的要求，企业必须寻找新的生产技术以适应多品种、中小批量的市场需求。同时，计算机技术的产生和发展，CAD/CAM、计算机数控、计算机网络等新技术及新概念的出现，以及自动控制理论、生产管理科学的发展，也为新生产技术的产生奠定了技术基础。在这种情况下，柔性制造技术应运而生。

柔性制造系统作为一种新的制造技术，在零件加工业以及与加工和装配相关的领域都得到了广泛的应用。

（一）柔性制造系统的定义和组成

柔性制造系统（FMS）是在计算机统一控制下，由自动装卸与输送系统将若干台数控机床或加工中心连接起来构成的一种适合于多品种、中小批量生产的先进制造系统。

由上述定义可以看出，FMS主要由以下三个子系统组成。

1.加工系统

加工系统是FMS的主体部分，主要用于完成零件的加工。加工系统一般由两台以上的数控机床、加工中心以及其他的加工设备构成，包括清洗设备、检验设备、动平衡设备和其他特种加工设备等。加工系统的性能直接影响着FMS的性能，加工系统在FMS个是耗资最多的部分。

2.物流系统

该系统包括运送工件、刀具、夹具、切屑及冷却润滑液等加工过程中所需"物流"的搬运装置、存储装置和装卸与交换装置。搬运装置有传送带、轨道小车、无轨小车、搬运机器人、上下料托盘等；存储装置主要由设置在搬运线始端或末端的自动仓库和设在搬运线内的缓冲站构成，用以存放毛坯、半成品或成品；装卸与交换装置负责FMS中物料在不同设备或不同工位之间的交换或装卸，常见的装卸与交换装置有托盘交换器、换刀机械手、堆垛机等。

3.控制和管理系统

FMS的控制与管理系统实质上是实现FMS加工过程及物料流动过程的控制、协调、调度、监测和管理的信息流系统。它由计算机、工业控制机、可编程序控制器、通信网络、数据库和相应的控制与管理软件构成，是FMS的神经中枢，也是各子系统之间的联系纽带。

（二）系统柔性的概念

柔性的概念可以表现在两个方面：一是指系统适应外部环境变化的能力，可采用系统所能满足新产品要求的程度来衡量；二是指系统适应内部变化的能力，可采用在有干扰（如各种机器故障）的情况下系统的生产率与无干扰情况下的生产率期望之比来衡量。

FMS与传统的单一品种自动生产线（相对而言，可称之为刚性自动生产线，如由机械式、液压式自动机床或组合机床等构成的自动生产线）的不同之处主要在于它具有柔性。

一般认为，柔性在FMS中占有相当重要的位置。一个理想的FMS应具备多方面的柔性。

1.设备柔性

指系统中的加工设备具有适应加工对象变化的能力。其衡量指标是当加工对象的类、族、品种变化时，加工设备所需刀、夹、辅具的准备和更换时间，硬、软件的交换与调整时间，加工程序的准备与调校时间等。

2.工艺柔性

指系统能以多种方法加工某一族工件的能力。工艺柔性也称加工柔性或混流柔性，其衡量指标是系统不采用成批生产方式而同时加工的工件品种数。

3.产品柔性

指系统能够经济而迅速地转换到生产一族新产品的能力。产品柔性也称反应柔性。衡量产品柔性的指标是系统从加工一族工件转向加工另一族工件时所需的时间。

4.工序柔性

指系统改变每种工件加工工序先后顺序的能力。其衡量指标是系统以实时方式进行工艺决策和现场调度的水平。

5.运行柔性

指系统处理其局部故障，并维持继续生产原定工件族的能力。其衡量指标是系统发生故障时生产季的下降程度或处理故障所需的时间。

6.批量柔性

指系统在成本核算上能适应不同批量的能力。其衡量指标是系统保持经济效益的最小运行批量。

7.扩展柔性

指系统能根据生产需要方便地模块化进行组建和扩展的能力。其衡量指标是系统可扩展的规模大小和难易程度。

8.生产柔性

指系统适应生产对象变换的范围和综合能力。其衡量指标是前述7项柔性的总和。

从功能上说，一个柔性制造系统柔性越强，其加工能力和适应性就越强。但过度的柔性会大大地增加投资，造成不必要的浪费。所以在确定系统的柔性前，必须对系统的加工对象（包括产品变动范围、加工对象规格、材料、精度要求范围等）作科学的分析，确定适当的柔性。

（三）柔性制造系统的特点和应用

柔性制造系统的主要优点体现在以下几个方面。

1.设备利用率高

由于采用计算机对生产进行调度，一旦有机床空闲，计算机便分配给该机床加工任务。在典型情况下，采用柔性制造系统中的一组机床所获得的生产量是单机作业环境下同等数量机床生产量的3倍。

2.减少生产周期

由于零件集中在加工中心上加工，减少了机床数和零件的装卡次数。采用计算机进行有效的调度也减少了周转的时间。

3.具有维持生产的能力

当柔性制造系统中的一台或多台机床出现故障时，计算机可以绕过出现故障的机床，使生产得以继续。

4.生产具有柔性

可以响应生产变化的需求，当市场需求或设计发生变化时，在FMS的设计能力内，不需要系统硬件结构的变化，系统具有制造不同产品的柔性。并且，对于临时需要的备用零件可以随时混合生产，而不影响FMS的正常生产。

5.产品质量高

FMS减少了夹具和机床的数量，并且夹具与机床匹配得当，从而保证了零件的一致性和产品的质量。同时自动检测设备和自动补偿装置可以及时发现质量问题，并采取相应的有效措施，保证了产品的质量。

6.加工成本低

FMS的生产批量在相当大的范围内变化，其生产成本是最低的。它除了一次性投资费用较高外，其他各项指标均优于常规的生产方案。

柔性制造系统的主要缺点是：①系统投资大，投资回收期长；②系统结构复杂，对操作人员的要求高；③复杂的结构使得系统的可靠性降低。

柔性制造技术是一种适用于多品种、中小批量生产的自动化技术。从原则上讲，FMS可以用来加工各种各样的产品，不局限于机械加工和机械行业，而且随着技术的发展，应用的范围会愈来愈广。下面从产品类型、零件类型材料以及年产量方面对FMS的使用范围作简要分析。

目前FMS主要用于生产机床、重型机械、汽车、飞机和工业产品等。从加工零件的类型来看，大约70%的FMS用于箱体类的非回转体的加工，而只有30%左右的FMS用于回转体的加工，其主要原因在于非回转体零件在加工平面的同时，往往可以完成钻、镗、扩、铰、铣和螺纹加工，而且比回转体容易装载和输送，容易获得所需的加工精度。

由于FMS要实现某一水平的"无人化"生产，于是，切屑处理就是一个很大的问题，所以大约有一半的系统是加工切屑处理比较容易的铸铁件，其次是钢件和铝件，加工这三种材料的FMS占总数的85%～90%。通常在同一系统内加工零件的材料种类都比较单一，如果加工零件材料的种类过多，会对系统在刀具的更换和各种切削参数的选择方面提出更高的要求，使系统变得复杂。

（四）柔性制造系统的发展趋势

1.FMS仍将迅速发展

FMS在20世纪80年代末就已进入工厂实用阶段，技术已比较成熟。由于它在解决多品种、中小批量生产上比传统的加工技术有明显的经济效益，因此随着国际竞争的加剧，无论发达国家还是发展中国家都越来越重视柔性制造技术。

FMS初期只是用于非回转体零件如箱体类零件的机械加工，通常用来完成钻、镗、铣及攻螺纹等工序。后来随着FMS技术的发展，FMS不仅能完成非回转体类零件的加工，还可完成回转体零件的车削、磨削、齿轮加工，甚至于拉削等工序。

从机械制造行业来看，现在的FMS不仅能完成机械加工，而且还能完成钣金、锻造、焊接、装配、铸造、激光、电火花等特种加工以及喷漆、热处理、注塑等工作。从整个制造业所生产的产品看，现在的FMS已不再局限于汽车、机床、飞机、坦克、火炮、舰船，还可用于计算机、半导体、木制产品、服装、食品以及医药化工等产品的生产。从生产批量来看，FMS已从中小批量向单件和大批量生产方向发展。有关研究表明，所有采用数控和计算机控制的工序均可由FMS完成。

随着计算机集成制造系统（computer integrated manufacturing system，CIMS）日渐成为制造业的热点，很多专家学者纷纷预言CIMS是制造业发展的必然趋势。柔性制造系统作为CIMS的重要组成部分，必然会随着CIMS的发展而发展。

2.FMS系统配置朝FMC的方向发展

FMC和FMS一样，都能够满足多品种、小批量的渠性制造需要，但FMS具有自己的优点。

首先，FMS的规模小、投资少、技术综合性和复杂性低，规划、设计、论证和运行相对简单，易于实现，风险小，而且易于扩展，是向高级大型FMS发展的重要阶梯。采用由FMS到FMC的规划，既可以减少一次投入的资金，使企业易于承受，又可以减小风险。因为单元规模小、问题少、易于成功，一旦成功就可以获得效益，为下一步扩展提供资金，同时也能培养人才、积累经验，使FMS的实施更加稳妥。

其次，现在的FMC已不再是简单或初级FMS的代名词，FMC不仅可以具有FMS所具有的加工、制造、运储、控制、协调功能，还可以具有监控、通信、仿真、生产调度管理以至于人工智能等功能，在某一具体类型的加工中可以获得更大的柔性，提高生产率，增加产量，改进产品质量。

3.FMS系统性能不断提高

构成FMS的各项技术，如加工技术、储运技术、刀具管理技术以及网络通信技术的迅速发展，毫无疑问会大大提高FMS系统的性能。在加工采用喷水切削加工技术和激光加工技术，并将很多加工能力很强的加工设备如立式、卧式加工中心以及高效万能车削中心等用于FMS系统，大大提高了FMS的加工能力和柔性，提高了FMS的系统性能。

自动导向小车（automaticguide vehicle，AGV）以及自动存取提/取系统的发展和应用，为FMS提供了更加可靠的物流运储方法；同时也能缩短周期，提高生产率。刀具管理技术的迅速发展，为及时而准确地给机床提供适用刀具提供了保证；同时可以提高系统柔性、生产率、设备利用率，降低刀具费用，消除人为错误，提高产品质量，延长无人操作时间。

4.从CIMS的高度考虑FMS规划设计

尽管FMS本身是把加工、运储、控制、检测等硬件集成在一起，构成一个完整的系统，但从一个工厂的角度来讲，它还只是一部分，若不能设计出新的产品或设计速度慢，再强的加工能力也无用武之地。总之，只有从工厂全面现代化CIMS的角度分析，考虑FMS的各种问题并根据CIMS的总体考虑进行FMS的规划设计，才能充分发挥FMS的作用，使整个工厂获得最大效益，提高在市场中的竞争能力。

第六节　自动线的辅助设备

在自动化制造过程中，为了提高自动线的生产效率和零件的加工质量，除了采用高柔性、高精度及高可靠性的加工设备和先进的制造工艺外，零件的运储、翻转、清洗、去毛刺及切屑和切削液的处理也是不可缺少的工序。零件在检验、存储和装配前必须要清洗及去毛刺；切屑必须随时被排除、运走并回收利用；切削液的回收、净化和再利用，可以减少污染，保护工作环境。有些自动化制造系统（automtic manufac-turing system，AMS）集成有清洗站和去毛刺设备，可实现清洗及去毛刺自动化。

一、清洗站

清洗站有许多种类、规格和结构，一般按其工作是否连续分为间歇式（批处理式）和连续通过式（流水线式）。批处理式清洗站用于清洗质量和体积较大的零件，属中小批量清洗，流水线式清洗站用于零件通过量大约场合。

批处理式清洗机有倾斜封闭式清洗机、工件摇摆式清洗机和机器人式清洗机。机器人式清洗机是用机器人操作喷头，工件固定不动。有些大型批处理式清洗站内部有悬挂式环形有轨车，工件托盘安放在环形有轨车上，绕环形轨道作闭环运行。流水线式清洗站用帽子传送带运送工件。零件从清洗站的一端送入，在通过清洗站的过程中被清洗，在清洗站的另一端送出，再通过传送带与托盘交接机构相连接，进入零件装卸区。

清洗机有高压喷嘴。喷嘴的大小、安装位置和方向应考虑到零件的清洗部位，保证零件的内部和难清洗的部位均能清洗干净。为了彻底冲洗夹具和托盘上的切屑，切削液应有足够大的流量和压力。高压清洗液能粉碎结团的杂边和油脂，能很好地清洗工件、夹具和托盘。对清洗过的工件进行检查时，要特别注意不通孔和凹入处是否清洗干净。确定工件的安装位置和方向时，应考虑到最有效清洗和清洗液的排出。

吹风是清洗站重要的工序之一，它可以缩短干燥时间，防止清洗液外流到其他机械设备或AMS的其他区域，保持工作区的洁净。有些清洗站采用循环对流的热空气吹干，空气用煤气、蒸汽或电加热，以便快速吹干工件，防止生锈。

批处理式清洗站的切屑和切削液往往直接排入AMS的集中切削液和切屑处理系统，切削液最后回到中央切削液存储箱中。流水线式清洗站一般有自备的切削液（或清洗液）存储箱，用于回收切屑，循环利用切削液（或清洗液）。

清洗机可以说是污物、杂渣收集器。筛网和折流板用于过滤金属粉末、杂渣、油泥和其他杂质，必须定期对其进行清洗。油泥输送装置通过一个斜坡将废物送入油泥沉淀箱，沉淀后清除废物，液体流回中央存储箱。存储箱的定时清理非常重要，购买清洗设备时，必须考虑中央存储箱的检修和便于清洗。

在AMS中，清洗站接受主计算机或单元控制器下达的指令，由可编程序控制器执行这些指令。批处理式清洗站的操作过程如下。

第一，将工件托盘送到清洗站前。

第二，打开进入清洗站的大门，将托盘送入清洗工作区并将其固定在有轨吊车上，关闭大门。

第三，托盘随吊车绕轨道运行时，高压、大流量切削液从喷嘴喷向工件托盘，使切屑、污物、油脂等落入排污系统。

第四，冲洗一定时向后，切削液关闭，开始吹热空气进行干燥。

第五，吹风干燥一段时间后，有轨吊车返回其初始位置。

第六，从有轨吊车上取下工件托盘，打开清洗站大门，运走工件托盘。

有些AMS不使用专门的清洗设备，切削加工结束后，在机床加工区用高压切削液冲洗工件、夹具，用压缩空气通过主轴孔吹去残留的切削液。这种方法可节省清洗站的投资、零件搬运和等待时间，但零件清洗占用机床切削加工时间。

二、去毛刺设备

以前去毛刺一直是由手工进行的，是重复的、繁重的体力劳动。最近几年出现了多种去毛刺的新方法，可以减轻人的体力劳动，实现去毛刺自动化。最常用的方法有机械法、振动法、热能法、电化学法等。

（一）机械法去毛刺

机械法去毛刺包括在其中使用工业机器人，机器人手持钢丝刷、砂轮或油石打磨毛刺。打磨工具安放在工具存储架上，根据不同零件和去毛刺的需要，机器人可自动更换打磨工具。

在很多情况下，通用机器人不是理想的去毛刺设备，因为机器人关节臂的刚度和精度不够，而且许多零件要求对其不同的部位采用不同的去毛刺方法。

机械去毛刺常用的工具有砂带、金属丝刷、塑料刷、尼龙纤维刷、砂轮、油石等。

（二）振动法去毛刺

振动法去毛刺机适用于清除小型回转体或棱体零件的毛刺。零件分批装入一个筒状的大容器罐内，用陶瓷卵石作为介质，卵石大小因零件类型、尺寸和材料而异。盛有零件的容器罐快速往复振动，在陶瓷介质中搅拌零件，以去毛刺和氧化皮。振动强烈程度可以改变，猛烈地搅拌用于恶劣型毛刺，柔缓地搅拌用于精密零件的打磨和研磨。

振动去毛刺法包括回转滚筒法、振动滚筒法、离心滚筒法、涡流滚筒法、旋磨滚筒法、往复槽式法、磨料流动格式法、摇动滚筒法、液压振动滚筒法、磨料流去毛刺法、电流变液去毛刺法、磁流变液去毛刺法、磁力去毛刺法等，这些方法原理上也属于机械去毛刺的范畴。

（三）喷射去毛刺法

喷射去毛刺法是利用一定的压力和速度将去毛刺介质喷向零件，以达到除毛刺的效果。喷射去毛刺法包括水平喷射去毛刺、气动磨料流去毛刺、液体喷磨去毛刺、浆液喷射去毛刺、低温喷射去毛刺等。严格来讲，喷射去毛刺法也属于机械去毛刺的范畴。

（四）热能法去毛刺

热能法去毛刺是利用高温除毛刺和飞边。将需去毛刺的零件放在坚固的密封室内，然后送入一定量的、经充分混合的、具有一定压力的氢气和氧气，经火花塞点火后，混合气体瞬时爆炸，放出大量的热，瞬时温度高达3300℃以上，毛刺或飞边燃烧成火焰，立刻被氧化并转化为粉末，前后经历时间大约25～30 s，然后用溶剂清洗零件。

热能法去毛刺的优点是能极好地除去零件所有表面上的多余材料，即使是不易触及的内部凹入部位和孔相贯部位也不例外。热能法去毛刺适用零件范围宽，包括各种黑色金属和有色金属。

（五）电化学法去毛刺

电化学法去毛刺是通过电化学反应将工件上的材料溶解到电解液中，对工件去毛刺或成形。与工件型腔形状相同的电极工具作为负极，工件作为正极，直流电流通过电解液。电极工具进入工件时，工件材料超前电极工具被溶解。电化学法通过调节电流来控制去毛刺和倒棱，材料去除率与电流大小有关。

电化学法去毛刺的过程慢，优点是电极工具不接触工件，无磨损，去毛刺过程中不产生热量，因此不引起工件热变形和机械变形。因而，高硬度材料非常适合用电化学法。

三、工件输送装置

工件输送装置是自动线中最重要的辅助设备，它将被加工工件从一个工位传送到下一个工位，为保证自动线按生产节拍连续地工作提供条件，并从结构上把自动线的各台自动机床联系成为一个整体。

工件输送装置的形式与自动线工艺设备的类型和布局、被加工工件的结构和尺寸特性以及自动线工艺过程的特性等因素有关，因而其结构形式也是多样的。在加工某些小型旋转体零件（例如盘状、环状零件、圆柱滚子、活塞销、齿轮等）的自动线中，常采用输料槽作为基本输送装置。输料槽有利用工件自重输送和强制输送两种形式。自重输送的输料槽又称滚道，它不需要其他动力源和特殊装置，因而结构简单。对于小型旋转体工件，大多采用以自重滚送的办法实现自动输送。对于体积较大和形状复杂的零件，可以采用各种输送机械。

四、自动线上的夹具

自动线上所采用的夹具，可归纳为两种类型，即固定式夹具与随行式夹具。

固定式夹具即附属于每一加工工位，不随工件输送而移动的夹具，固定安装于机床的某一部件上，或安装于专用的夹具底座上。这类夹具亦分为两种类型：一种是用于钻、搜、铣、攻螺纹等加工的夹具，在加工过程中固定不动；另一种是工件和夹具在加工时尚需作旋转运动。前者多用于箱体、壳休、盖、板等类型的零件加工或组合机床自动线中，后者多用于旋转体零件的车、磨、齿形加工等自动线中。

随行式夹具为随工件一起输送的夹具，适用于缺少可靠的输送基面、在组合机床自动线上较用难输送带直接输送的工件。此外，对于有色金属工件，如果在自动线中直接输送时其基面容易磨损，也须采用随行夹具。

五、转位装置

在加工过程中，工件有时需要翻转或转位以改换加工面。在通用机床或专用机床自动线中加工中、小型工件时，其翻转或转位常常在输送过程或自动上料过程中完成。在组合机床自动线中，需设置专用的转位装置。这种装置可用于工件的转位，也可以用于随行夹具的转位。

六、储料装置

为了使自动线能在各工序的节拍不平衡的情况下连续工作较长的时间，或者在某台机床更换调整刀具或发生故障而停歇时保证其他机床仍能正常工作，必须在自动线中设置必要的储料装置，以保持工序间（或工段间）具有一定的工件储备量。

储料装置通常可以布置在自动线的各个分段之间，也有布置在每台机床之间的。对于加工某些小型工件或加工周期较长的工件的自动线，工序间的储备量常建立在连接工序的输送设备（例如输料槽、提升机构及输送带）上。根据被加工工件的形状大小、输送方式及要求的储备量的大小不同，储料装置的结构形式也不相同。

七、排屑装置

在切创加工自动线中，切屑源源不断地从工件上流出，如不及时排除，就会堵塞工作空间，使工作条件恶化，影响加工质量，甚至使自动线不能连续地工作。因此，将切屑从加工地点排除并将它收集起来运离自动线，是一个不容忽视的问题。

第八章　装配过程自动化

装配是整个生产系统的一个主要组成部分，也是机械制造过程的最后环节。装配对产品的成本和生产效率有着重要影响，研究和发展新的装配技术，大幅度提高装配质量和装配生产效率是机械制造工程的一项重要任务。相对于加工技术而言，装配技术落后许多年，装配工艺已成为现代生产的薄弱环节。因此，实现装配过程的自动化越来越成为现代工业生产中迫切需要解决的一个重要问题。

第一节　装配过程自动化的基础知识

一、装配自动化在现代制造业中的重要性

装配过程是机械制造过程中必不可少的环节。人工操作的装配是一个劳动密集型的过程，生产率是工人执行某一具体操作所花费时间的函数，其劳动量在产品制造总劳动量中占有相当高的比例。随着先进制造技术的应用，制造零件劳动量的下降速度比装配劳动量下降速度快得多，如果仍旧采用人工装配的方式，该比值还会提高。

装配自动化是实现生产过程综合自动化的重要组成部分，其意义在于提高生产效率、降低成本、保证产品质量，特别是减轻或取代特殊条件下的人工装配劳动。

装配是一项复杂的生产过程。人工操作已经不能与当前的社会经济条件相适应，因为人工操作既不能保证工作的一致性和稳定性，又不具备准确判断、灵巧操作，并赋以较大作用力的特性。同人工装配相比，自动化装配具备如下优点。

（1）装配效率高，产品生产成本下降。尤其是在当前机械加工自动化程度不断得到提高的情况下，装配效率的提高对产品生产效率的提高具有更加重要的意义。

（2）自动装配过程一般在流水线上进行，采用各种机械化装置来完成劳动量最大和最繁重的工作，大大降低了工人的劳动强度。

（3）不会因工人疲劳、疏忽、情绪、技术不熟练等因素的影响而造成产品质量缺陷或不稳定。

（4）自动化装配所占用的生产面积比手工装配完成同样生产任务的工作面积要小得多。

（5）在电子、化学、宇航、国防等行业今，许多装配操作需要特殊环境，人类难以进入或非常危险，只有自动化装配才能保障生产安全。

随着科学技术的发展和进步，在机械制造业，CNC、FMC、FMS的出现逐步取代了传统的制造技术，它们不仅具备高度自动化的加工能力，而且具有对加工对象的灵活性。如果只有加工技术的现代化，没有装配技术的自动化，FMS就成了自动化孤岛。装配自动化的意义还在于它是CIMS的重要组成部分。

二、装配自动化的任务及应用范围

所谓装配，就是通过搬送、连接、调整、检查等操作把具有一定几何形状的物体组合到一起。

在装配阶段，整个产品生产过程中各个阶段的工艺的和组织的因素都汇集到一起了。由于在现代化生产中广泛地使用装配机械，因而装配机械特别是自动化装配机械得到空前的发展。

装配机械是一种特殊的机械，它区别于通常用于加工的各种机床。装配机械是为特定的产品而设计制造的，具有较高的开发成本，而在使用中只有很少或完全不具有柔性。所以最初的装配机械只是为大批量生产而设计的。自动化的装配系统用于中小批量生产还是近几年的事。这种装配系统一般都由可以自由编程的机器人作为装配机械。除了机器人以外，其他部分也要能够改装和调整。此外，还要有具有柔性的外围设备。例如零件仓储，可调的输送设备，连接工具库、抓钳及它们的更换系统。柔性是一种系统的特性，使这种系统能够适应生产的变化。对于装配系统来说，就是要在同一套设备上同时或者先后装配不同的产品（产品柔性）。柔性装配系统的效率不如高度专用化的装配机械。往复式装配机械可以达到每分钟10～60拍（大多数的节拍时间为2.5～4s）；转盘式装配机械最高可以达到每分钟2000拍。当然，所装配的产品很简单，例如链条等；所执行的装配动作也很简单，例如铆接、充填等。

对于大批量生产（年产量100万件以上）来说，专用的装配机械是合算的。工件长度可以大于100mm，质量可以超过50g。典型的装配对象如电器产品、开关、钟表、圆珠笔、打印机墨盒、剃须刀、刷子等，它们需要各种不同的装配过程。

从创造产品价值的角度来考虑，装配过程可以按时间分为两部分：主装配和辅装配。连接本身作为主装配只占35%～55%的时间。所有其他功能，例如给料，均属于辅装配，设计装配方案必须尽可能压缩这部分时间。

自动化装配机械，尤其是经济的和具有一定柔性的自动化装配机械，被称为高技术产品。按其不同的结构方式常被称为"柔性特种机械"或"柔性节拍通道"。圆形回转台式自动化装配机由于其较高的运转速度和可控的加速度而备受青睐。环台式装配机械，无论是环内操作还是环外操作或二者兼备的结构，都是很实用的结构方式。

现代技术的发展使得人们能够为复杂的装配功能找到解决的方法。尽管如此，全自动化的装配至今仍然只是在有限的范围是现实的和经济的。由于装配机械比零件制造机械具有更强的针对性，因而装配机械的采用更需要深思熟虑，需要做大量的准备工作，不能简单片面地追求自动化，而应本着实用可靠而又能适应产品的发展的原则，采用适当的自动化程度，应用现代的计划方法和控制手段。

三、装配自动化的发展概况

自动装配系统大致经历了三个发展阶段。

最初是采用传统的机械开环控制单元。例如，操作程序由分配轴把操作时间运动行程信息都记录在凸轮上。

第二个阶段的自动装配系统，控制单元采用了预调顺序控制器，或者采用可编程序控制器，操作时间分配和运动行程摆脱了机械刚性的控制方法。由于采用微电子器件，各种信息都编制在控制程序中，不仅调整方便，而且提高了系统的可靠性。

发展到第三阶段，产生了所谓的装配伺服系统。控制单元配备了带有智能电子计算机的可编程序控制器，能发出改变操作顺序的信号，根据程序给出的命令和反馈信息，使操作条件或动作维持在设计的最佳状态。

对于精密零件的自动装配，必须提高夹具的定位精度和装配工具的柔顺性。为提高定位精度，可采用带有主动自适应反馈的位置控制器，通过光电传感视觉设备、接触压力传感器等对零件的定位误差进行测量，并采用计算机控制的伺服执行机构进行修正。这种伺服装配工具和夹具可进行精密装配。目前，定位精度在 0.01mm 的自动装配机已得以应用。

产品更新周期的缩短，要求自动装配系统具有柔性响应，20 世纪 80 年代出现了柔性装配系统（FAS）。FAS 是一种计算机控制的自动装配系统，它的主要组成是装配中心和装配机器人，使装配过程通过传感技术和自动监控实现了无人操作。具有各种不同结构能力和智能的装配机器人是 FAS 的主要特征。柔性装配是自动装配技术的发展方向，采用柔性装配不仅可提高生产率、降低成本、保证产品质量一致性，更重要的是能提高适应多品种小批量的产品应变能力。

装配自动化技术将主要向以下两方面发展。

（一）与近代基础技术互相结合、渗透，提高自动装配装置的性能

近代基础技术，特别是控制技术和网络通信技术的进一步发展，为提高自动装配装置的性能打下了良好的基础。装配装置可以引入新型、模块化、标准化的控制软件，发展新型软件开发工具；应用新的设计方法，提高控制单元的性能；应用人工智能技术，发展、研制具有各种不同结构能力和智能的装配机器人，并采用网络通信技术将机器人和自动加工设备相连以得到较高的生产率。

（二）进一步提高装配的柔性，大力发展柔性装配系统 FAS

在机械制造业中，CNC、FMC、FMS 的出现逐步取代了传统的制造设备，大大提高了加工的柔性。新兴的生产哲理 CIMS 使制造过程必须成为是用计算机和信息技

术把经营决策、设计、制造、检测、装配以及售后服务等过程综合协调为一体的闭环系统。但如果只有加工技术的自动化，没有装配技术的自动化，FMS、CIMS就不能充分发挥作用。装配机器人的研制成功、FMS的应用以及CIMS的实施，为自动装配技术的开发创造了条件；产品更新周期的缩短，要求自动装配系统具有柔性响应，需要柔性装配系统来使装配过程通过自动监控、传感技术与装配机器人结合，实现无人操作。

四、装配自动化的基本要求

要实现装配自动化，必须具备一定的前提条件，主要有如下几个方面。

（一）生产纲领稳定，且年产量大、批量大，零部件的标准化、通用化程度较高

生产纲领稳定是装配自动化的必要条件。目前，自动装配设备基本上还属于专用设备，生产纲领改变，原先设计制造的自动装配设备就不再适用，即使修改后能加以使用，也将造成设备费用增加，耽误时间，在技术上和经济上都不合理。年产量大、批量大，有利于提高自动装配设备的负荷率。零部件的标准化、通用化程度高，可以缩短设计、制造周期，降低生产成本，有可能获得较高的技术经济效果。

与生产纲领有联系的其他一些因素，如装配件的数量、装配件的加工精度及加工难易程度、装配复杂程度和装配过程劳动强度、产量增加的可能性等，也会对装配自动化的实现产生一定影响。

（二）产品具有较好的自动装配工艺性

尽量要做到：结构简单，装配零件少；装配基准面和主要配合面形状规则，定位精度易于保证；运动副应易于分选，便于达到配合精度；主要零件形状规则、对称，易于实现自动定向等。

（三）实现装配自动化以后，经济上合理，生产成本降低

装配自动化包括零部件的自动给料、自动传送以及自动装配等内容，它们相互紧密联系。其中：自动给料包括装配件的上料、定向、隔料、传送和卸料的自动化；自动传送包括装配零件由给料口传送至装配工位的自动传送，以及装配工位与装配工位之间的自动传送；自动装配包括自动清洗、自动平衡、自动装入、自动过盈连接、自动螺纹连接、自动粘接和焊接、自动检测和控制、自动试验等。

所有这些工作都应在相应控制下，按照预定方案和路线进行。实现给料、传送、装配自动化以后，就可以提高装配质量和生产效率，产品合格率高，劳动条件改善，生产成本降低。

五、实现装配自动化的途径

（一）产品设计时应充分考虑自动装配的工艺性

适合装配的零件形状对于经济的装配自动化是一个基本的前提。如果在产品设计

时不考虑这一点，就会造成自动化装配成本的增加，甚至设计不能实现。产品的结构、数量和可操作性决定了装配过程、传输方式和装配方法。机械制造的一个明确的原则就是"部件和产品应该能够以最低的成本进行装配"。因此，在不影响使用性能和制造成本的前提下，合理改进产品结构往往可以极大地降低自动装配的难度和成本。

工业发达的国家已广泛推行便于装配的设计准则。该准则主要包含两方面的内容：一是尽量减少产品中的单个零件的数量，结构方面的一个区别是分立方式还是集成方式，集成方式可以实现元件最少，维修也方便；二是改善产品零件的结构工艺性，层叠式和鸟巢式的结构对于自动化装配是有利的。基于该准则的计算机辅助产品设计软件也已开发成功。目前，发达国家便于装配的产品结构设计不亚于便于数控加工的产品结构设计。实践证明，提高装配效率、降低装配成本、实现装配自动化的首要任务应是改进产品结构的设计。因此，在新产品的研制开发中，也必须贯彻装配自动化的设计准则，把产品设计和自动装配的理论在实践中相结合，设计出工艺性（特别是自动装配工艺性）良好的产品。

（二）研究和开发新的装配工艺和方法

鉴于装配工作的复杂性和自动装配技术相对于其他自动化制造技术的相对滞后，必须对自动装配技术和工艺进行深入的研究，注意研究和开发自动化程度不一的各种装配方法。如对某些产品，研究利用机器人、附隆的自动化装配设备与人工结合等方法，而不盲目追求全盘自动化，这样有利于得到最佳经济效益。此外，还应加强基础研究，如对合理配合间隙或过盈量的确定及控制方法，装配生产的组织与管理等，开发新的装配工艺和技术。

（三）设计制造自动装配设备和装配机器人

要实现装配过程的自动化，就必须制造装配机器人或者刚性的自动装配设备。装配机器人是未来柔性自动化装配的重要工具，是自动装配系统最重要的组成部分。各种形式和规格的装配机器人正在取代人的劳动，特别是对人的健康有害的操作以及特殊环境（如高辐射区或需要高清洁度的区域）中进行的工作。

刚性自动装配设备的设计，应根据装配产品的复杂程度和生产率的要求而定。一般三个以下的零件装配可以在单工位装配设备上完成，超过三个的零件装配则在多工位装配设备上完成。装配设备的循环时间、驱动方式以及运动设计都受产品产量的制约。

自动装配设备必须具备高可靠性，研制阶段必须进行充分的工艺试验确保装配过程自动化形式和范围的合理性。在当前生产技术水平下，需要研究和开发自动化程度不一的各种装配方法，如对某些产品，研究利用机器人、刚性的自动化装配设备与人工结合等装配方法。

第二节　自动装配工艺过程分析与设计

一、自动装配条件下的结构工艺性

结构工艺性是指产品和零件在保证使用性能的前提下，力求能够采用生产率高、劳动量小和生产成本低的方法制造出来。自动装配工艺性好的产品零件，便于实现自动定向、自动供料、简化装配设备、降低生产成本。因此，在产品设计过程中，应采用便于自动装配的工艺性设计准则，以提高产品的装配质量和工作效率。

在自动装配条件下，零件的结构工艺性应符合便于自动供料、自动传送和自动装配三项设计原则。

（一）便于自动供料

自动供料包括零件的上料、定向、输送、分离等过程的自动化。为使零件有利于自动供料，产品的零件结构应符合以下各项要求。

（1）零件的几何形状力求对称，便于定向处理。

（2）如果零件由于产品本身结构要求不能对称，则应使其不对称程度合理扩大于自动定向。如质量、外形、尺寸等的不对称性。

（3）零件的一端做成圆弧形，这样易于导向。

（4）某些零件自动供料时，必须防止镶嵌在一起。如有通槽的零件，具有相同内外锥度表面时，应使内外锥度不等，防止套入"卡住"。

（二）利于零件自动传送

装配基础件和辅助装配基础件的自动传送，包括给料装置至装配工位以及装配工位之间的传送。其具体要求如下。

（1）为易于实现自动传送，零件除具有装配基准面以外，还需考虑装夹基准面，供传送装置装夹或支承。

（2）零部件的结构应带有加工的面和孔，供传送中定位。

（3）零件外形应简单、规则、尺寸小、重量轻。

（三）利于自动装配作业

（1）零件的尺寸公差及表面几何特征应保证按完全互换的方法进行装配。

（2）零件数量尽可能少，同时应减少紧固件的数量。

（3）尽量减少螺纹连接，采用适应自动装配条件的连接方式，如采用粘接、过盈、焊接等。

（4）零件上尽可能采用定位凸缘，以减少自动装配中的测量工作，如将压配合的光轴用阶梯轴代替等。

（5）基础件设计应为自动装配的操作留有足够的位置。例如自动旋入螺钉时，必须为装配工具留有足够的自由空间。

（6）零件的材料若为易碎材料，宜用塑料代替。

（7）为便于装配，零件装配表面应增加辅助定位面。

（8）最大限度地采用标准件和通用件。这样不仅可以减少机械加工，而且可以加大装配工艺的重复性。

（9）避免采用易缠住或易套在一起的零件结构，不得已时，应设计可靠的定向隔离装置。

（10）产品的结构应能以最简单的运动把零件安装到基准零件上去。最好是使零件沿同一个方向安装到基础件上去，这样在装配时没有必要改变基础件的方向，以减少安装工作量。

（11）如果装配时配合的表面不能成功地用作基准，则在这些表面的相对位置必须给出公差，且使在此公差条件下基准误差对配合表面的位置影响最小。

二、自动装配工艺设计的一般要求

自动装配工艺比人工装配工艺设计要复杂得多，通过手工装配很容易完成的工作，有时采用自动装配却要设计复杂的机构与控制系统。因此，为使自动装配工艺设计先进可靠，经济合理，在设计中应注意如下几个问题。

（一）自动装配工艺的节拍

自动装配设备中，多工位刚性传送系统多采用同步方式，故有多个装配工位同时进行装配作业。为使各工位工作协调，并提高装配工位和生产场地的效率，必然要求各工位装配工作节拍同步。

装配工序应力求可分，对装配工作周期较长的工序，可同时占用相邻的几个装配工位，使装配工作在相邻的几个装配工位上逐渐完成来平衡各个装配工位上的工作时间，使各个装配工位的工作节拍相等。

（二）除正常传送外宜避免或减少装配基础件的位置变动

自动装配过程是将装配件按规定顺序和方向装到装配基础件上。通常，装配基础件需要在传送装置上自动传送，并要求在每个装配工位上准确定位。因此，在自动装配过程中，应尽量减少装配基础件的位置变动，如翻身、转位、升降等动作，以避免重新定位。

（三）合理选择装配基准面

装配基被面通常是精加工面或是面积大的配合面，同时应考虑装配夹具所必需的装夹面和导向面。只有合理选择装配基准面，才能保证装配定位精度。

（四）对装配零件进行分类

为提高装配自动化程度，就必须对装配件进行分类。多数装配件是一些形状比较规则、容易分类分组的零件。按几何特性，零件可分为轴类、套类、平板类和小杂件四类；再根据尺寸比例，每类又分为长件、短件、匀称件三组。经分类分组后，可采用相应的料斗装置实现装配件的自动供料。

（五）关键件和复杂件的自动定向

形状比较规则的多数装配件可以实现自动供料和自动定向；还有少数关键件和复杂件不易实现自动供料和自动定向，并且往往成为自动装配失败的一个原因。对于这些自动定向十分困难的关键件和复杂件，为不使自动定向机构过分复杂，采用手工定向或逐个装入的方式，在经济上更合理。

（六）易缠绕零件的定量隔离

装配件中的螺旋弹簧、纸箔垫片等都是容易缠绕贴连的，其中尤以小尺寸螺旋弹簧更易缠绕，其定量隔料的主要方法有以下两种。

1.采用弹射器将绕簧机和装配线衔接其具体特征为

经上料装置将弹簧排列在斜槽上，再用弹射器一个一个地弹射出来，将绕簧机与装配线衔接，由绕簧机统制出一个，即直接传送至装配线，避免弹簧相互接触而缠绕。

2.改进弹簧结构

具体做法是在螺旋弹簧的两端各加两圈紧密相接的簧圈来防止它们在纵向相互缠绕。

（七）精密配合副要进行分组选配

自动装配中精密配合副的装配由选配来保证。根据配合副的配合要求（如配合尺寸、质量、转动惯量等）来确定分组选配，一般可分3～20组。分组数多，配合精度越高。选配、分组、储料的机构越复杂，占用车间的面积和空间尺寸也越大。因此，一般分组不宜太多。

（八）装配自动化程度的确定

装配自动化程度根据工艺的成熟程度和实际经济效益确定，具体方法如下。

（1）在螺纹连接工序中，多轴工作头由于对螺纹孔位置偏差的限制较严，又往往要求检测和控制拧紧力矩，导致自动装配机构十分复杂。因此，宜多用单轴工作头，且检测拧紧力矩多用手工操作。

（2）形状规则、对称而数量多的装配件易于实现自动供料，故其供料自动化程度较高；复杂件和关键件往往不易实现自动定向，所以自动化程度较低。

（3）装配零件送入储料器的动作以及装配完成后卸下产品或部件的动作；自动化程度较低。

（4）装配质量检测和不合格件的调整、剔除等项工作自动化程度宜较低，可用手工操作，以免自动检测头的机构过分复杂。

（5）品种单一的装配线，其自动化程度常较高，多品种则较低，但随着装配工作头的标准化、通用化程度的日益提高，多品种装配的自动化程度也可以提高。

（6）对于尚不成熟的工艺，除采用半自动化外，还需要考虑手动的可能性；对于采用自动或半自动装配而实际经济效益不显著的工序，宜同时采用人工监视或手工操作。

（7）在自动装配线上，下列各项装配工作一般应优先达到较高的自动化程度。

①装配基础件的工序间传送，包括升降、摆转、翻身等改变位置的传送；

②装配夹具的传送、定位和返回；

③形状规则而又数量多的装配件的供料和传送；

④清洗作业、平衡作业、过盈连接作业、密封检测等工序。

三、自动装配工艺设计

（一）产品分析和装配阶段的划分

装配工艺的欢度与产品的复杂性成正比，因此设计装配工艺前，应认真分析产品的装配图和零件图。零部件数目大的产品则需通过若干装配操作程序完成，在设计装配工艺时，整个装配工艺过程必须按适当的部件形式划分为几个装配阶段进行，部件的一个装配单元形式完成装配后，必须经过检验，合格后再以单个部件与其他部件继续装配。

（二）基础件的选择

装配的第一步是基础件的准备。基础件是整个装配过程中的第一个零件。往往是先把基础件固定在一个托盘或一个夹具上，使其在装配机上有一个确定的位置。这里基础件是在装配过程只需在其上面继续安置其他零部件的基础零件（往往是底盘、底座或箱体类零件），基础件的选择对装配过程有重要影响。在回转式传送装置或直线式传送装置的自动化装配系统中，也可以把随行夹具看成基础件。

基础件在夹具上的定位精度应满足自动装配工艺要求。例如，当基础件为底盘或底座时，其定位精度必须满足件上各连接点的定位精度要求。

（三）对装配零件的质量要求

这里装配零件的质量要求包括两方面的内容：一方面是从自动装配过程供料系统的要求出发，要求零件不得有毛刺和其他缺陷，不得有未经加工的毛坯和不合格的零件；另一方面是从制造与装配的经济性出发，对零件精度的要求。

在手工装配时，容易分出不合格的零件。但在自动装配中，不合格零件包括超差零件、损伤害件，也包括泥入杂质与异物，如果没有被分拣出来，将会造成很大的损失，甚至会使整个装配系统停止运行。因此，在自动化装配时，限定零件公差范围是非常必要的。

合理化装配的前提之一就是保持零件质量稳定。在现代化大批量生产中，只有在特殊情况下才对零件100%检验，通常采用统计的质量控制方法，零件质量必须达到可接受的水平。

（四） 拟定自动装配工艺过程

自动装配需要详细编制工艺，包括绘制装配工艺过程图并建立相应的图表，表示出每个工序对应的工作工位形式。具有确定工序特征的工艺图，是设计自动装配设备的基础，按装配工位和基础件的移动状况的不同，自动装配过程可分为两种类型。

一类为基础件移动式的自动装配线。在这类装配过程中，自动装配设备的工序在对应工位上对装配对象完成各装配操作，每个工位上的动作都有独立的特点，工位之间的变换由传送系统连接起来。

另一类是装配基础件固定式的自动装配中心。在这类装配过程中，零件按装配顺序供料，依次装配到基础件上，这种装配方式，实际上只有一个装配工位，因此装配过程中装配基础件是固定的。

每个独立形式的装配操作还可详细分类，如检测工序包括零件就位有无检验、尺寸检验、物理参数测定等；固定工序包括有螺纹连接、压配连接、铆接、焊接等。同时，确定完成每个工序的时间，即根据连接结构、工序特点、工作头运动速度和轨迹、加工或固定的物理过程等来分别确定各工序时间。

（五） 确定自动装配工艺的工位数量

拟定自动装配工艺从采用工序分散的方案开始，对每个工序确定其工作头及执行机构的形式及循环时间。然后研究工序集中的合理性和可能性，减少自动装配系统的工位数量。如果工位数量过多，会导致工序过于集中，而使工位上的机构太复杂，既降低了设备的可靠性，也不便于调整和排除故障，还会影响刚性连接（无缓冲）自动装配系统的效率。

确定最终工序数量（相应的工位数）时，应尽量采用规格化传送机构，并留有几个空工值，以预防产品结构估计不到的改变，随时可以增加附加的工作结构。加工工艺过程需10个工序，可选择标准系列12工位周期旋转工作台的自动装配机。

（六） 确定各装配工序时间

自动装配工艺过程确定后，可分别根据各个工序工作头或执行机构的工作时间，在规格化和实验数据的基础上，确定完成单独工序的规范。每个单独工序的持续时间为：

$$t_i = t_T + t_x + t_y \tag{8-1}$$

式中 t_T——成工序所必需的操作时间；

t_x——空行程时间（辅助运动）；

t_y——系统自动化元件的反应时间。

通常，单独工序的持续时间可用于预先确定自动装配设备的工作循环的持续时间。这对同步循环的自动装配机设计非常有用。

如果分别列出每个工序的持续时间，则可以帮助区分出哪个工位必须改变工艺过程参数或改变完成辅助动作的机构；以减少该工序的持续时间，使各工序实现同步。

根据单个工序中选出的最大持续时间 t_{max}，再加上辅助时间 t'，便可得到同步循环时间为：

$$t_s = t_{\max} + t'$$
（8-2）

式中 t'——完成工序间传送运动所消耗的时间。

实际的循环时间可以比该值大一些。

（七）　自动装配工艺的工序集中

在自动装配设备上确定工位数后，可能会发生装配工序数量超过工位数量的情况。此时，如果要求工艺过程在给定工位数的自动装配设备上完成，就必须把有关工序集中，或者把部分装配过程分散到其他自动装配设备上完成。

工序集中有以下两种方法。

（1）在自动装配工艺图中找出工序时间最短的工序并校验其附加在相邻工位上完成的合理性和工艺可能性。

（2）对同时兼有几个工艺操作的可能性及合理性进行研究，也就是在自动装配设备的一个工位上平行进行几个连贯工序。这个工作机构的尺寸应允许同时把几个零件安装或固定在基础件上。

工序过于集中会导致设备过于复杂，可靠性降低，调整、检测和消除故障都较为困难。

（八）　自动装配工艺过程的检测工序

检测工序是自动装配工艺的重要组成部分，可在装配过程中同时进行检测，也可单设工位用专用的检测装置来完成检验工作。

自动装配工艺过程的检测工序，可以查明有无装配零件，是否就位，也可以检验装配部件尺寸（如压深）；在利用选配法测量零件时，也可以检测固定零件的有关参数（例如螺纹连接的力矩）。

检测工序一方面保证装配质量，另一方面使装配过程中由于各故障原因引起的损失减为最小。

第三节　自动装配机的部件与机械

一、自动装配机的部件

（一）　运动部件

装配工作中的运动包括三方面的物体的运动：①基础件、配合件和连接件的运动；②装配工具的运动；③完成的部件和产品的运动。

运动是坐标系中的一个点或一个物体与时间相关的位置变化（包括位置和方向），输送或连接运动可以基本上划分为直线运动和旋转运动。因此每一个运动都可以分解为直线单位或旋转单位，它们作为功能载体被用来描述配合件运动的位置和方向以及

/　157　/

连接过程。按照连接操作的复杂程度，连接运动常被分解成三个坐标轴方向的运动。

重要的是配合件与基础件在同一坐标轴方向运动，具体由配合件还是由基础件实现这一运动并不重要。工具相对于工件运动，这一运动可以由工作台执行，也可以由一个模板带着配合件完成，还可以由工具或工具、工件双方共同来执行。

（二）定位机构

由于各种技术方面的原因（惯性、摩擦力、质量改变、轴承的润滑状态），运动的物体不能精确地停止。在装配中人员经常退到的是工件托盘和回转工作台，这两者都需要一种特殊的止动机构，以保证其停止在精确的位置。

装配对定位机构的要求非常高，它必须能承受很大的力量，还必须能精确地工作。

（三）连接方法

在设计人员设计产品时，连接方式就被确定了。由于可以采用的连接结构很多，所以连接方式也必然是多样的，对于那些结构复杂的产品，越来越多的各种不同的连接方法被采用。

1.螺纹连接

螺纹连接工他用来完成螺钉、螺母或特殊螺纹的连接。一个自动化的螺纹连接工位应该具有基础件的供应与定位、连接件的供应与定位、旋入轴、旋入定位和进给、旋入工具和工具进给系统、机架、传感器和控制部分、向外部的数据接口等几部分功能。

每一种工作头，只适用一种规格的螺钉。现在人们试图把各种规格的螺钉分成若干组，每一种工作头适用于一组规格的螺钉，这样工作头的种类就可以少一些。

整个工位的中心是控制部分。在每一个工作循环之前都要进行全面检测，以保证各个环节和外部设备的功能。经检测证明一切正常之后工作循环才能开始。

在目的的自动化装配工作中，凡是重要的螺纹连接，其全部过程都是采用电子技术监测和控制的，以此保证装配的质量。例如旋入力矩、旋转角和其他族人过程的诸项参数等都被随时监测。

越来越多的螺钉端部带有引导锥，且在螺钉头部压出一个法兰，这些都是为了满足自动化装配的要求。

2.压入连接

压入动作一般是垂直的，在零件重量大的情况下也采用卧式。如同螺纹连接的情况一样，压入之前必须使配合件与基础件中心对准。

压入连接的质量完全取决于压入过程本身。压入过程的监控是通过几个可编程的监控窗来实现的。压入的过程中四个环节是被监控的，包括认人过程、压入过程、过程压力、路径和终点控制等。

整个系统的安全是由一套内装的监测系统来保证的。

经常碰到的压入连接方式是一经定位，立即压入，这是一种简单压入。

滚动轴承的压装说到底是把事先连接到一起的两个环状零件套装到轴上，套装之后，基础件的夹具放松，以便定向轴的中心顶尖能够真正与基础件中心孔对准，为后续的装配做好准备。

压力可以由不同的能量转换方式产生，压力单元的驱动可以是气动、液压、机械动力。

二、自动装配机械

支配机是一种按一定时间节拍工作的机械化的装配设备。有时也需要手工装配与之装配机所完成的任务是把配合件往基础件上安装，并把完成的部件或产品取下来。随着自动化的向服展，装配工作（包括至今为止仍然靠手工完成的工作）可以利用机器来实现，产生了一种自动化的装配机械，即实现了装配制动化。自动装配机械按类型分，可分为单位装配机与多工位装配机两种。为了解决中小批量生产中的装配问题，人们进一步发明了可编程的自动化的装配机，即装配机器人。它的应用不再是只能严格地适应一种产品的装配，而是能够通过调整完成相似的装配任务。

（一）单工位自动装配机

单工位装配机是指这样的装配机：它只有单一的工位，没有传送工具的介入，只有一种或几种装配操作。这种装配机的应用多限于只由几个零件组成而且不要求有复杂的装配动作的简单部件。在这种装配机上同时进行几个方向的装配是可能的而且是经常使用的方法。这种装配机的工作效率可达到每小时30～12000个装配动作。单工位装配机在一个工位上执行一种或几种操作，没有基础件的传送，比较适合于在基础件的上方定位并进行装配操作。其优点是结构简单，可以装配最多由6个零件组成的部件。通常适用于2～3个零部件的装配，装配操作必须按顺序进行。

（二）多工位自动装配机

对三个零件以上的产品通常用多工位装配机进行装配，装配操作由各个工位分别承担。多工位装配机需要设置工件传送系统，传送系统一般有回转式或直进式两种。工位的多少由操作的数目来决定，如进料、装配、加工、试验、调整、堆放等。传送设备的规模和范围由各个工位布置的多种可能性决定。各个工位之间有适当的自由空间，使得一旦发生故障，可以方便地采取补偿措施。一般螺钉拧入、冲压、成形加工、焊接等操作的工位与传送设备之间的空间布置小于零件送料设备与传送设备之间的布置。

装配机的工位数多少基本上已决定了设备的利用率和效率。装配机的设计又常常受工件传送装置的具体设计要求制约。这两条规律是设计自动装配机的主要依据。

检测工位布置在各种操作工位之后，可以立即检查前面操作过程的执行情况，并能引入辅助操作措施。检测工位有利于避免自动化装配操作的各种失误动作，从而保护设备和零件。

多工位自动装配机的控制一般有行程控制和时间控制两种。行程控制常常采用标准气动元件，其优点是大多数元件可重复使用。

（三）工位间传送方式

装配基础件在工位间的传送方式有连续传送和间歇传送两类。

带往复式装配工作头的连续传送方式。装配基础件连续传送，工位上装配的工作头也随之同步移动。对直线型传送装置，工作头需作往复移动；对回转式传送装置，工作头需作往复回转。装配过程中，工件连续恒速传送，装配作业与传送过程重合，故生产速度高，节奏性强，但不便于采用固定式装配机械，装配时工作头和工件之间相对定位有一定困难。目前除小型简单工件采用连续传送方式外，一般都使用间歇式传送方式。

间歇传送中，装配基础件由传送装置按节拍时间进行传送，装配对象停在装配工位上进行装配水业一完成即传送至下一工位，便于采用固定式装配机械，避免装配作业受传送平稳性的影响。按节拍时间特征，间歇传送方式又可以分为同步传送和非同步传送两种。

间歇传送大多数是同步传送，即各工位上的装配件每隔一定的节拍时间都同时向下一工位移动。对小型工件来说，由于装配夹具比较轻小，传送时间可以取得很短，因此实用上对小型工件和节拍小于十几秒的大部分制品的装配，可采取这种固定节拍的同步传送方式。

同步传送方式的工作节拍是最长的工序时间与工位间传送时间之和，工序时间较短的其他工位上存在一定的等工浪费，并且一个工位发生故障时，全线都会受到停车影响。为此，可采用非同步传送方式。

非同步传送方式不但允许各工位速度有所波动，而且可以把不同节拍的工序组织在一个装配线中，使平均装配速度趋于提高，而且个别工位出现短时间可以修复的故障时不会影响全线工作，设备利用率也得以提高，适用于操作比较复杂而又包括手工工位的装配线。

实际使用的装配线中，各工位完全自动化常常是没有必要的，因技术上和经济上的原因，多数以采用一些手工工位较为合理，因而非同步传送方式就采用得越来越多。

（四）装配机器人

随着科学技术的不断进步，工业生产取得很大发展，工业产品大批量生产，机械加工过程自动化得到广泛应用，同时对产品的装配也提出了自动化、柔性化的要求。为此目的而发展起来的装配机器人也取得了很大进展，技术上越来越成熟，逐渐成为自动装配系统中重要的组成部分。

一般来说，要实现装配工作，可以用人工、专用装配机械和机器人三种方式。如果以装配速度来比较，人工和机器人都不及专用装配机械。如果装配作业内容改变频繁，那么采用创器人的投资将要比专用装配机械经济。此外，对于大量、高速生产，采用专用装配机械最有利。但对于大件、多品种、小批量、人力又不能胜任的装配工作，则采用机器人最合适。

能适应自动装配作业需要的机器人应具有工作速度和可靠性高、通用性强、操作和维修容易、人工容易介入，以及成本及售价低、经济合理等特点。

装配机器人可分为伺服型和非伺服型两大类。非伺服型装配机器人指机器人的每个坐标的运动通过可调挡块由人工设定，因而每个程序的可能运动数目是坐标数的两倍；伺服型装配机器人的运动完全由计算机控制，在一个程序内，理论上可有几千种运动。此外，伺服型装配机器人不需要调整终点挡块，不管程序改变多少，都很容易执行。非伺服型和伺服型装配机器人都是微处理器控制的。不过，在非伺服机器人中，它控制的只是动作的顺序；而对伺服机器人，每一个动作、功能和操作都是由微处理器发信和控制的。

机器人的驱动系统，传统上的做法是伺服型采用液压的，非伺服型采用气动的。现在的趋势是用电气系统作为主驱动，特别是新型机器人。液压驱动不可避免地有泄漏问题，只有一些大功率的机器人现在和将来都要用液压驱动。气动系统装配质量较小、功率较小、噪声较小、整洁、结构紧凑，对秉性装配系统来说更为合适。非伺服型采用可调终点挡块，能获得很高的精度，因此可应用它进行精密调整。

装配机器人的控制方式有点位式、轨迹式、力（力矩）控制方式和智能控制方式等。装配机器人主要的控制方式是点位式和力（力矩）控制方式。对于点位式而言，要求装配机器人能准确控制末端执行器的工作位置，如果在其工作空间内没有障碍物，则其路径不是重要的。这种方式比较简单。力（力矩）控制方式要求装配机器人在工作时，除了需要准确定位外，还要求使用适度的力和力矩进行工作，装配机器人系统中必须有力（力矩）传感器。

第四节 自动装配线与柔性装配系统

一、自动装配线

（一）自动装配线的概念和组合方式

自动装配线是在流水线的基础上逐渐发展起来的机电一体化系统，是综合应用了机械技术、计算机技术、传感技术、驱动技术等技术，将多台装配机组合，然后用自动输送系统将装配机相连接而构成的。它不仅要求各种加工装置能自动完成各道工序及工艺过程，而且要求在装卸工件、定位夹紧、工件在工序间的输送甚至包装都能自动进行。自动装配线的组合方式有刚性的和松散的两种形式。如果将零件或随行夹具由一个输送装置直接从一台装配机送到另一台装配机，就是刚性组合，但是，应尽可能避免采用刚性组合方式。松散式组合需要进行各输送系统之间的相互连接，输送系统要在各装配机之间有一定的灵活性和适当的缓冲作用。自动装配线应尽可能采用松散式组合。这样，当单台机器发生故障时，可避免整个生产线停工。

（二） 自动装配线对输送系统的要求

自动装配线对其输送系统有以下两个基本要求。

（1）产品或组件在输送中能够保持它的排列状态。

（2）输送系统有一定的缓冲量。

如果装配的零件和组件在输送过程中不能保持规定的排列状态，则必须重新排列。但对于装配组件的重排列，在形式和准确度方面，一般是很难达到的，而且重排列要增加成本，并可能导致工序中出现故障，因此要尽量避免重排列。

对于较大的组件，靠输送机输送带的长度不能达到要求的缓冲容量时，可以使用多层缓冲器。为了增大装配线的利用率，不仅需要在输送带上缓冲载有零件的随行夹具，而且也要缓冲返回运动中输送带上的空的随行夹具，这样才能保证在第二台装配机上发生短期故障时第一台装配机不因缺少空的随行夹具而停止工作。

（三） 自动装配线与手工装配点的集成

在自动装配线内常常加入手工装配点，这是由于零件的设计或定向定位的原因，这些零件不能自动排列、自动供料，必须要以手动方法来操作；或由于装配工作有很复杂的操作，采用自动化很不经济，必须设置不同结构的手工装配点。

二、柔性装配系统

（一） 组 成

产品更新周期缩短、批量减小、品种增多，要求自动装配系统具有柔性响应，进而出现了柔性装配系统。柔性装配系统具有相应的柔性，可对某一特定产品的变型产品按程序编制的随机指令进行装配，也可根据需要增加或减少一些装配环节，在功能、功率和几何形状允许范围内，最大限度地满足一簇产品的装配。

柔性装配系统由装配机器人系统和外围设备构成。外围设备包括灵活的物料搬运系统、零件自动供料系统、工具（手指）自动更换装置及工具库、视觉系统、基础件系统、控制系统和计算机管理系统等。柔性装配系统能自动装配中小型、中等复杂程度的产品，如电动机、水泵、齿轮箱等，特别适应于中、小批量产品的装配，可实现自动装卸、传送、检测、装配、监控、判断、决策等功能。

（二） 基本形式及特点

1.柔性装配系统的基本形式

柔性装配系统通常有两种形式：一种是模块积木式柔性装配系统，另一种是以装配机器人为主体的可编程柔性装配系统。

柔性装配系统按其结构又可分为以下三种。

（1）柔性装配单元这种单元借助一台或多台机器人，在一个固定工位上按照程序来完成各种装配工作。

（2）多工位的柔性同步系统这种系统各自完成一定的装配工作，由传送机构组成固定或专用的装配线，采用计算机控制，各自可编程序和可选工位，因而具有柔性。

（3）组合结构的柔性装配系统这种结构通常要具有三个以上装配功能，是由装配所需的设备、工具和控制装置组合而成，可封闭或置于防护装置内。例如，安装螺钉的组合机构是由装在箱体里的机器人送料装置、导轨和控制装置组成，可以与传送装置连接。

2.柔性装配系统的特点

总体来说，柔性装配系统有以下特点。

（1）系统能够完成零件的自动运送、自动检测、自动定向、自动定位、自动装配作业等，既适用于中、小批量的产品装配，也适用于大批量生产中的装配。

（2）装配机器人的动作和装配的工艺程序，能够按产品的装配需要，迅速编制成软件，存储在数据库中，所以更换产品和变更工艺方便迅速。

（3）装配机器人能够方便地变换手指和更换工具，完成各种装配操作。

（4）装配的各个工序之间，可不受工作节拍和同步的限制。

（5）柔性装配系统的每个装配工段，都应该能够适应产品变种的要求。

（6）大规模的FAS采用分级分布式计算机进行管理和控制。

第五节　微型机器人装配系统

一、概述

（一）微机器人的发展及应用

随着纳米技术的迅猛发展，其研究对象不断向微细化发展。对微小零件进行加工、调整和检查，微机电系统（MEMS）的装配作业等工作，都需要微机器人的参与。在精密机械加工、超大规模集成电路、自适应光学、光纤对接、工业检测、国防军工、医学、生物学（特别是动植物基因工程、农产品改良育种）等领域，需要完成注入细胞融合、微细手术等精细操作，都离不开高精度的微机器人系统。总之，微型机器人是人们探索微观世界不可缺少的重要工具。

微型机器人也是当今机器人技术的一个重要发展方向。在许多领域内具有广阔的应用前景，近年来，微电子机械系统及其相关技术的飞速发展（如信息处理和控制电路的微型化、微传感器及电磁型超微马达的研制成功），为微型机器人系统的研究奠定了坚实的基础，使得代替人类进行微小作业的机器人正在逐步变成现实，并将在未来形成一个新的产业。

（二）微型工厂

微型元件的装配，如微系统、微机器和集成光学装置，需要新的专用操作装置，这些装置必须有亚微米级的分辨率和精度，且必须具有极高的可靠性。而且，为了适应许多不同的微装配任务必须模块化并具有一定的柔性。于是，就提出了微型工厂的概念。

尽管越来越趋向于发展高度集成化的 MEMS 设备，但未来的微系统产品将仍需要装配技术。这将不断要求革新微操作技术和精密装配自动化。

从 20 世纪 90 年代开始，微系统制造业对生产工具（机械和生产线等）微型化的要求越来越紧迫，主要是减少重量、容积、能量消耗，最终减少生产成本。除了这些优点外，在避免振动或温度波动等环境干扰的抗干扰性方面，微系统都能得到很好的改善。为了降低微小产品制造过程中维持洁净空间所花费的成本，操作者应该站在生产空间之外。

微型工厂具有一系列相互协作的微型机械，它们在桌面大小的空间范围内加工和装配复杂的微型设备。微型工厂概念是一项引起多学科研究的理想工程，可极大地促进各学科之间的相互协作。

二、微机器人分类

（一）分类方法

微型机器和微型机器人被称为 21 世纪的尖端技术之一，这一领域的研究已引起了世界各国的普遍关注。根据不同的要求，发展了各种各样的微机器人，也可有许多分类方法。

1. 按尺寸分类

（1）外形 1～10mm 的称为小型机器人。

（2）外形 1～1000μm 的称为微机器人。

（3）外形 1～1000nm 的称为纳米机器人。

2. 按机能分类

（1）微型机器人外形很小，移动精度不要求很高。

（2）微操作机器人外形未必很小，但其操作尺度极小，精度很高。

（3）按连接方式分类微机器人按结构不同，可分为并联机器人和串联机器人。

并联机器人与应用广泛的串联机器人相比往往使人感到它并不适合用作机器人，它没有那么大的活动空间，它的活动平台远远不如串联机器人手部来得灵活。的确，并联机构的工作空间有很大局限性，可是，和世界上任何事物都是一分为二的一样，若用并联式的优点比串联式的缺点，也同样令人关注。首先，并联机构的运动平台与机架之间由多条运动支链连接，其末端件与串联的悬臂梁相比，刚度大得多，而且结构稳定；第二，由于刚度大，并联式较串联式在相同的自重或体积下有高得多的承载能力；第三，串联式末端件上的误差是各个关节误差的积累和放大，因而误差大而精度低，并联式没有那样的积累和放大关系，误差小而精度高；第四，串联式机器人的驱动电动机及传动系统大都放在运动着的大小臂上，增加了系统的惯性，恶化了动力性能，而并联式则很容易将电动机置于机座上，减小了运动负荷；第五，在位置求解上，串联机构正解容易，但反解十分困难，而并联机构正解困难反解却非常容易，而由于机器人的在线实时计算是要计算反解的，这就对串联式十分不利，而并联式却容易实现。

（4）按用途分类：按其用途不同，可分为用于微操作的微型机器人和用于微装配技术的微型机器人。

微操作技术是指末端工具在一个较小的工作空间内（如厘米尺度）进行系统精度达到微米或亚微米的操作。

微操作机器人以亚微米、纳米运动定位技术为核心，在较小空间中进行精密操作作业的装置，可以应用于生物显微操作、微电子制造、纳米加工等领域，将对21世纪人类的生产和生活方式产生革命式的影响，对国民经济建设和国防具有重要的意义。

（二）并联微机器人

并联机器人的工作盘与底盘通过若干运动链连接，每个运动支链承受的载荷较小，整体结构刚度得以提高，允许的载荷与输出力随之提高。由于各运动支链相互并联，一条运动支链中某一构件的制造尺寸误差可以得到补偿。由于并联机器人的驱动部分可以安装在底座上，运动部分的质量得以减少，被操作对象的质量与机器人质量之比提高，动力学性能得到改善。由于驱动部分安置在底座上，实现了能量供应部分及信号传递部分与工作空间的隔离，减少了干扰，提高了安全性。

并联机构固有的缺点是：其工作空间与结构空间之比，比串联机器人小得多，工作盘的方向也限制在一个较小的范围。运动副转角的限制又进一步缩小了工作空间与结构空间之比。并联机构的复杂性使得其结构优化和安全运行的难度都增加了。为了监控和避免结构内部构件的冲突和工作空间内的奇异状态，必然增加机器人的成本。由于并联机器人构件几何参数之间的复杂关系，为了获得优越的运动学和动力学性能，其结构优化过程就需要较高的成本。这一问题的解决主要依赖于数学理论的研究和计算机技术的发展。

并联机器人因其结构紧凑、设计加工简单、温度灵敏度不高、误差积累及放大小、固有频率高，避免了由震动引起的不可控重复误差等特点，在微机器人中得到广泛的应用。另外，串并联机器人也已经出现。

并联机器人在有一定特殊要求的场合可以发挥其他机器人不可替代的作用。例如，在被限制的小空间里要求很高的定位精度和运动速度，同时又要求较大的操作力时，多使用并联机器人。串联机器人，由于其柔性和动作灵活性，适合执行焊接、喷漆等任务。并联机器人由于其较高的刚度、运动速度和精度而适用于医疗技术和微装配。

与传统的串联机器人相比，并联机器人在结构材料方面所投入的成本要少。

第九章　加工刀具自动化

金属切削刀具和工件按照一定的规律作相对运动，通过刀具上的切削刃件切除工件上多余的金属，从而实现加工任务，但是如何在同一机床实现不同的加工任务，就需要切换刀具，为了提高加工效率必须实现加工刀具的自动化。

第一节　刀具的自动装夹

一、自动化刀具的特点和结构

（一）自动化刀具的特点

自动化刀具与普通机床用刀没有太大的区别，但为了保证加工设备的自动化运行，自动化刀具需要具有以下特点：

（1）刀具的切削性能必须稳定可靠，应具有高的使用寿命和可靠性。

（2）刀具应能可靠地断屑或卷屑。

（3）刀具应具有较高的精度。

（4）刀具结构应保证其能快速或自动更换和调整。

（5）刀具应配有工作状态在线检测与报警装置。

（6）应尽可能地采用标准化、系列化和通用化的刀具，以便于刀具的自动化管理。

（二）自动化刀具的结构

自动化刀具通常分为标准刀具和专用刀具两大类：在以数控机床、加工中心等为主体构成的柔性自动化加工系统中，为了提高加工的适应性，同时考虑到加工设备的刀库容量有限，应尽量减少使用专用刀具，而选用通用标准刀具、刀具标准组合件或模块式刀具。例如，新型组合车刀（图9-1）是一种典型的刀具标准组合件，它将刀体与刀柄分别做成两个独立的元件，彼此之间是通过弹性凹槽连接在一起的，利用连接部位的中心拉杆（通过液压力）实现刀具的快速夹紧或松开。这种刀具最大的特点是刀体稳固地固定在刀柄底部突出的支撑面上，这样的设计既能保证刀尖高度的精确位置，又能使刀头悬伸长度最小，实现了刀具由动态到静态的刚度。此外，它还能和各种系列化的刀具（如镗刀、钻头和丝锥等）夹头相配，实现刀具的自动更换。

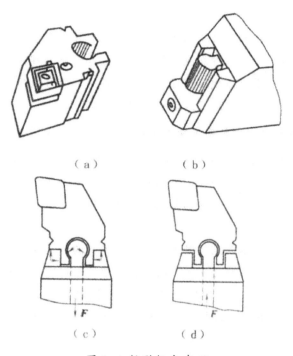

（a）　　　　　　　（b）

（c）　　　　　　　（d）

图 9-1 新型组合车刀

（a）刀体；（b）刀柄；（c）夹紧；（d）松开

常用的自动化刀具有可转位车刀、高速工具钢麻花钻、机夹扁钻、扩孔钻、铰刀、镗刀、立铣刀、面铣刀、丝锥和各种复合刀具等。选用刀具时常需考虑刀具的使用条件、工件的厚度、断屑与否以及刀具和刀片生产供应情况等诸多因素，若选择得当，则事半功倍。

由于带沉孔、带后角刀片的刀具具有结构紧凑、断屑可靠、制造方便、刀体部分尺寸小、切屑流出不受阻碍等优点，也可优先用作自动化加工刀具。为了集中工序，提高生产率及保证加工精度，应尽可能采用复合刀具。

二、自动化刀具的装夹机构

为了提高机械加工的效率，实现快速地切换刀具，就需要在刀具和机床之间装配一个装夹机构，建立一套完整的工具系统，最终实现刀具的刀柄与接杆实现标准化、系列化和通用化。更完善的工具系统还应包括自动换刀装置、刀库、刀具识别装置和刀具自检装置，更进一步地实现了机床的快速换刀和高效切削的要求。

（一）工具系统的分类

比较常用的工具系统有 TSG 系统（镗铣类数控机床用工具系统）和 BTS 系统（车

床类数控机床用工具系统）两类。工具系统主要由刀柄、接柄和夹头等部分组成。工具系统关于刀具与装夹工具的结构有明确的规定。数控工具系统可分为整体式和模块式两种。整体式的特点是每把工具的柄部与夹持工具的工作部分连成一体，因此，不同品种和规格的工作部分都必须加工出一个能与机床连接的柄部，致使工具的规格多、品种也繁多，给生产和管理带来了极大的不利。模块式工具系统是把工具的柄部和工作部分分割开来，制成各种系列化模块，然后经过不同规格的中间模块，组装成不同规格的工具。这样不仅方便了制造、保管和使用，而且以最少的工具库存满足了不同零件的加工任务，所以它是工具系统的发展趋势。

（二）自动化刀具刀柄和机床主轴的连接

自动化加工设备的刀具和机床的连接，必须通过与机床主轴孔相适应的工具柄部、与工具柄部相连接的工具装夹部分和各种刀具部分来实现。而且随着高速加工技术的广泛应用，刀具的装夹对高速切削的可靠性与安全性以及加工精度等具有至关重要的影响。

高速加工（切削）技术既是机械加工领域学术界的一项前沿技术，已经在航空航天、汽车和模具等行业得到广泛应用。考虑到高速切削机床主轴和刀具连接时，为克服传统 BT 刀柄仅依靠锥面单面定位而导致的不利因素，宜采用双面约束定位夹持系统实现刀柄在主轴内孔锥面和端面同时定位的连接方法，以保证具有很高的接触刚度和重复定位精度，实现可靠夹紧。

HSK 刀柄是德国为高速机床而研发的，HSK 刀柄已被列入 ISO 标准 ISO 12164。HSK 刀柄采用的是锥度为 1∶10 的中空短锥柄，当短锥刀柄与主轴锥孔紧密接触时，在端面间仍留有 0.1 mm 左右的间隙，在拉紧力的作用下，利用中空刀柄的弹性变形补偿该间隙，以实现与主轴锥面和端面的双面约束定位。此时，短刀柄与主轴锥孔间的过盈量为 3～10μm。由于中空刀柄具有较大的弹性变形，因此对刀柄的制造精度要求相对较低。此外，HSK 刀具系统的柄部短、重量轻，有利于机床自动换刀和机床小型化，但其中空短锥柄结构也会使系统刚度与强度受到影响。

（三）自动化刀具和刀柄的连接

刀柄在夹持力、夹持精度和控制夹持精度上有十分重要的意义。目前，传统数控机床和加工中心上主要采用弹簧夹头，高速切削的刀柄和刀具的连接方式主要有高精度弹簧夹头、热缩夹头、高精度液压膨胀夹头等。

弹簧夹头一般采用具有一定锥角的锥套（弹簧夹头）作为夹紧单元，利用拉杆或螺母，使套锥内径缩小而夹紧刀具。

热缩夹头主要利用刀柄刀孔的热胀冷缩使刀具可靠地夹紧。热缩夹头及感应加热装置系统不需要辅助夹紧元件，具有结构简单、同心度较好、尺寸相对较小、夹紧力大、动平衡度和回转精度高等优点。与液压夹头相比，其夹持精度更高，传递转矩增大了 1.5～2 倍，径向刚度提高了 2～3 倍，能承受更大的离心力。

第二节　自动化换刀装置

机械加工一个零件往往需要多道工序的加工。在无法自动换刀数控机床的加工过程中，真正用来切削的时间只为工作时间的30%左右，其中有相当一部分时间用在了装卸、调整刀具的辅助工作上，所以，采用自动化换刀装置将有利于充分发挥数控机床的作用。

具有自动快速换刀功能的数控机床称为加工中心，它可以预先将各种类型和尺寸的刀具存储在刀库中。加工时，机床可根据数控加工指令自动选择所需要的刀具并装进主轴，或刀架自动转位换刀，工件在一次装夹下就能实现诸如车、钻、镗和铣等多种工序的加工。

在数控机床上，实现刀具自动交换的装置称为自动换刀装置。作为自动换刀装置的功能，它必须能够存放一定数量的刀具，即有刀库或刀架，并能完成刀具的自动交换。因此，对自动换刀装置的基本要求是刀具存放数量多、刀库容量大、换刀时间短、刀具重复定位精度高、结构简单、制造成本低、可靠性高。其中，特别是自动换刀装置的可靠性，对于自动换刀机床来说显得尤为重要。

一、刀库

刀库是自动换刀系统中最主要的装置之一，通俗地说它是储藏加工刀具的仓库，其功能主要是接收从刀具传送装置送来的刀具和将刀具给予刀具传输装置。刀库的容量、布局以及具体结构因机床结构的不同而差别很大，种类繁多。

鼓轮式刀库又称为圆盘刀库，其中最常见的形式有刀具轴线与鼓轮轴线平行式布局和刀具轴线与鼓轮轴线倾斜式布局两种。这种形式的刀库因为结构特点，在中小型加工中心上应用较多，但因刀具单环排列，空间利用率低，而且刀具长度较长时，容易和工件、夹具干涉。且大容量刀库的外径较大，转动惯量大，选刀运动时间长。因此，这种形式的刀库容量一般不宜超过32把刀具。

链式刀库的优点是结构紧凑、布局灵活、容量较大，可以实现刀具的"预选"，换刀快。多环链式刀库的优点是刀库外形紧凑，空间占用小，比较适用于大容量的刀库。若需增加刀具数量，只要增加链条长度，而不增加链轮直径，链轮的圆周速度不变，所以刀库的运动惯量增加不多。但通常情况下，刀具轴线和主轴轴线垂直，因此，换刀必须通过机械手进行，机械结构比鼓轮式刀库复杂。

格子箱式刀库容量较大、结构紧凑、空间利用率高，但布局不灵活，通常将刀库安放于工作台上。有时甚至在使用一侧的刀具时，必须更换另一侧的刀座板。由于它的选刀和取刀动作复杂，现在已经很少用于单机加工中心，多用于FMS（柔性制造系统）的集中供刀系统。

直线式刀库结构简单，刀库容量较小，一般应用于数控车床和数控钻床，个别加工中心也有采用。

二、刀具交换装置

数控机床的换刀系统中，能够在刀库与机床主轴之间传递和装卸刀具的装置称为刀具交换装置。刀具的交换主要有两类方式，其一是刀库与机床主轴的相对运动实现刀具交换；其二是利用机械手交换刀具来实现换刀，刀具的交换方式对机床的生产效率产生直接的影响。

（一）利用刀库与机床主轴的相对运动实现刀具交换的装置

换刀之前必须先将刀具送回刀库，而后从刀库中取到新的刀具，这是一组连贯动作，并不可能同时进行，所以完成换刀的时间较长。如图 9-2 所示的换刀装置就是采用相对运动的方式。换刀的具体过程如下：首先使主轴上的定位键和刀库的定位键保持一致，同时，沿垂直 Z 轴快速向上运动到换刀点，转备好换刀。刀库向右运动，刀座中的弹簧机构卡入刀柄 V 形槽中，主轴内的刀具夹紧装置放松，刀具被松开，主轴箱上升，使主轴上的刀具放回刀库的空刀座中，然后刀库旋转，将下一步需要的刀具转到主轴下，主轴箱下降，将刀具插入机床的主轴，同时，主轴箱内的夹紧装置夹紧刀具，刀库快速向左返回，将刀库从主轴下面移开，刀库恢复原位，主轴箱再向下运动，便可以进行下一工序的加工。

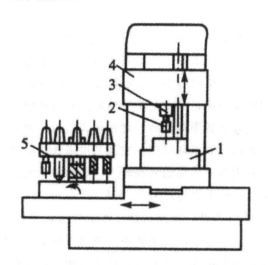

图 9-2 利用刀库与机床运动进行自动换刀的数控装置

1-工件；2-刀具；3-主轴；4-主轴箱；5-刀库

由图 9-2 可见，该机床的鼓轮式刀库的结构较简单，换刀过程却较复杂。它的选刀和换刀由 3 个坐标轴的数控定位系统来完成，因而每交换一次刀具，工作台和主轴箱就必须沿着 3 个坐标轴作两次来回运动，因而增加了换刀时间。另外，由于刀库置于工作台上，减少了工作台的有效使用面积。

（二）利用机械手实现刀具交换的装置

使用机械手完成换刀应用最广泛，主要是由于机械手换刀的灵活性。此装置的优点是在刀库的布置和添加刀具的功能上不受系统结构功能的限制，从而在整体上提高了换刀速度。

机械手根据不同的机床而品种繁多，在所有的机械手中，双臂机械手最灵活有效。

机械手在运动方式上又可分为单臂单爪回转式机械手、单臂双爪回转式机械手、双臂回转式机械手、双机械手等多种。机械手的运动主要是通过液压、气动、机械凸轮联动机构等来实现。

三、换刀机械手

在自动换刀的数控机床中，机械手的装配形式多样，常见的装配形式如下：

（一）单臂单爪回转式机械手

此类机械手的手臂可以在空间的任意角度回转换刀，手臂上仅有一个卡爪，不论是在刀库还是主轴，都依靠这一卡爪实现装刀或卸刀，因此完成换刀花费较长的时间。

（二）单臂双爪回转式机械手

此类机械手的手臂上有两个卡爪，两个卡爪的任务各不相同，一个卡爪的任务是从主轴上取下旧刀并送回刀库，另一个卡爪的任务是从刀库取出新刀并送到主轴，换刀效率较高。

（三）双臂回转式机械手

此类机械手有两个手臂，每个手臂各有一个卡爪，两个卡爪可以同时抓取刀库或主轴上的刀具，回转180°后又同时将刀具放回刀库及装入主轴。换刀时间大大提高，比以上两种机械手臂都快，是最常用的形式。

（四）双机械手式

此类机械手相当于两个单臂单爪机械手，两者自动配合实现换刀，其中一个机械手从主轴上取下"旧刀"送往刀库，另一个机械手从刀库取出"新刀"并装入机床主轴。

（五）双臂往复交叉式机械手

此类机械手的两个手臂能够往复运动，并能够相互交叉。其中一个手臂将主轴上的刀具取下并送回刀库，另一个手臂从库中取出新刀并装入主轴。这类机械手可沿着导轨直线移动或绕某个转轴回转，从而实现刀库与主轴的换刀工作。

（六）双臂端面夹紧式机械手

此类机械手与前几种机械手仅在夹紧部位上不同。前几种机械手都是通过夹紧刀柄的外圆表面而抓取刀具，而这类机械手则夹紧刀柄的两个端面。

四、刀具识别装置

刀具（刀套）识别装置在自动换刀系统中的作用是，根据数控系统的指令迅速准确地从刀具库中选中所需的刀具以便调用。因此，应合理解决刀具的换刀选择方式、刀具的编码方式和刀具（刀套）的识别装置问题。

（一）刀具的换刀选择方式

常用的选刀方式有顺序选刀和任意选刀两种。

1.顺序选刀

采用这种方法时，刀具在刀库中的位置是严格按照零件加工工艺所规定的刀具使用顺序依次排列，加工时按加工顺序选刀。这种选刀方式无须刀具识别装置，刀库的控制和驱动简单，维护方便。但是，在加工不同的工件时必须重新排列刀库中的刀具顺序，工艺过程中不相邻工步所用的刀具不能重复使用，使刀具数量增加。因此，这种换刀选择方式不适合多品种、小批量生产而适合加工批量较大、工件品种数量较少的中、小型自动换刀数控机床。

2.任意选刀

采用这种方法时，要预先将刀库中的每把刀具（刀套）进行编码供选择时识别，因此刀具在刀库中的位置不必按照零件的加工工艺顺序排列，增加了系统的柔性，而且同一刀具可供不同工步使用，减少了所用刀具的数量。当然，因为需要刀具的识别装置，使刀库的控制和驱动复杂，也增加了刀具（刀套）的编码工作量。因此，这种换刀选择方式适合于多品种、小批量生产。

由于数控系统的发展，目前绝大多数数控系统都具有刀具任选功能，因此目前多数加工中心都采用任选刀具的换刀方法。

（二）刀具的编码方式

在任意选择的换刀方式中，必须为换刀系统配备刀具的编码和识别装置。其编码可以有刀具编码、刀套编码和编码附件等方式。

1.刀具编码方式

这种方式是对每把刀具进行编码，由于每把刀具都有自己的代码，因此，可以随机存放于刀库的任一刀套中。这样刀库中的刀具可以在不同的工序中重复使用，用过的刀具也不一定放回原刀套中，避免了因为刀具存放在刀库中的顺序差错而造成的事故，也缩短了换刀时间，简化了自动换刀系统的控制。

刀具编码识别装置的具体结构如图9-3所示。在刀夹前部装有表示刀具编码的5个环，由隔环将其等距分开，再由锁紧环固定。编码环既可以是整体的，也可由圆环组装而成。编码环的直径大小分别表示二进制的"1"和"0"，通过这两种圆环的不同排列，可以得到一系列代码。

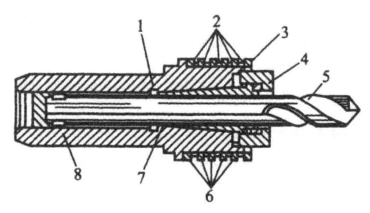

图9-3 接触式编码环刀具识别装置的刀具夹头

1-刀具夹头；2-隔环；3-锁紧环；4-锁紧螺母；

5-刀具；6-编码环；7-锁紧套；8-柄部

2.刀套编码方式

这种编码方式对每个刀套都进行编码，同时刀具也编号，并将刀具放到与其号码相符的刀套中。换刀时刀库旋转，使各个刀套依次经过识刀器，直到找到指定的刀套，刀库便停止旋转。由于这种编码方式取消了刀柄中的编码环，使刀柄结构大为简化。因此，识刀器的结构不受刀柄尺寸的限制，而且可以放在较适当的位置，但是这种编码方式在自动换刀过程中必须将用过的刀具放回原来的刀套中，增加了换刀动作。与顺序选择刀具的方式相比，刀套编码的突出优点是刀具在加工过程中可以重复使用。图9-4所示为圆盘形刀库的刀套编码识别装置。

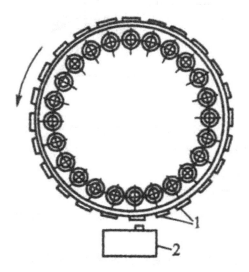

图9-4 圆盘形刀库的刀套编码识别装置

1-刀套编码块；2-刀套识别装置

3.编码附件方式

编码附件方式可分为编码钥匙、编码卡片、编码杆和编码盘等，其中应用最多的是编码钥匙。这种方式是先给各刀具都缚上一把表示该刀具号的编码钥匙，当把各刀具存放到刀库的刀套中时，将编码钥匙插进刀套旁边的钥匙孔中，这样就把钥匙的号码转记到刀套中，给刀套编上了号码，识别装置可以通过识别钥匙上的号码来选取该钥匙旁边刀套中的刀具。与刀套编码方式类似，采用编码钥匙方式时用过的刀具必须放回原来的刀套中。

（三）刀具（刀套）的识别装置

刀具（刀套）识别装置是自动换刀系统中的重要组成部分，常用的有以下几种。

1.接触式刀具识别装置

接触式刀具识别装置应用较广，特别适应于空间位置较小的编码，其识别原理如图9-5所示。装在刀柄1上的编码环，大直径表示二进制的"1"，小直径表示二进制的"0"，在刀库附近固定一刀具识别装置2，从中伸出几个触针3，触针数量与刀柄上的编码环4对应。每个触针与一个继电器相连，当编码环是大直径时与触针接触，继电器通电，其二进制码为"1"。当编码环为小直径时与触针不接触，继电器不通电，其二进制码为"0"。当各继电器读出的二进制码与所需刀具的二进制码一致时，由控制装置发出信号，使刀库停转，等待换刀。接触式刀具识别装置结构简单，但由于触针有磨损，故寿命较短，可靠性较差，且难以快速选刀。

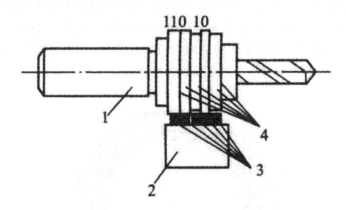

图9-5 刀具编码识别原理

1-刀柄；2-刀具识别装置；3-触针；4-编码环

2.非接触式刀具识别装置

非接触式刀具识别装置没有机械直接接触，因而无磨损、无噪声、寿命长，反应速度快，适应于高速、换刀频繁的工作场合。常用的有磁性识别法和光电识别法。

（1）磁性识别法

磁性识别法是利用磁性材料和非磁性材料磁感应强弱不同，通过感应线圈读取代码。编码环的直径相等，分别由导磁材料（如低碳钢）和非导磁材料（如黄铜、塑料等）制成，规定前者二进制码为"1"，后者二进制码为"0"。图9-6所示为一种用于刀具编码的磁性识别装置。图9-6中刀柄3上装有非导磁材料编码环4和导磁材料编码环2与编码环相对应的有一组检测线圈组成非接触式识别装置1。在检测线圈6的一次线圈7中输入交流电压时，如编码环为导磁材料，则磁感应较强，在二次线圈5中产生较大的感应电压，否则，感应电压小，根据感应电压的大小即可识别刀具。

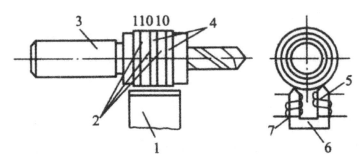

图9-6　磁性识别刀具编码

1-非接触式识别装置；2-导磁材料编码环；

3-刀柄；4-非导磁材料编码环；

5-二次线圈；6-检测线圈；7-一次线圈

（2）光电识别法

光电刀具识别装置是利用光导纤维良好的光导特性，采用多束光导纤维来构成阅读头。其基本原理是：用紧挨在一起的两束光纤来阅读二进制码的一位时，其中一束光纤将光源投射到能反光或不能反光（被涂黑）的金属表面上，另一束光纤将反射光送至光电转换元件转换成电信号，以判断正对着这两束光纤的金属表面有无反射光。一般规定有反射光为"1"，无反射光为"0"。所以，若在刀具的某个磨光部位按二进制规律涂黑或不涂黑，即可给刀具编码。

近年来，"图像识别"技术也开始用于刀具识别，还可以利用PLC控制技术来实现随机换刀等。

第三节　排屑自动化

在切削加工自动线中，切屑源源不断地从工件上流出，如不及时排除，就会堵塞工作空间，使工作条件恶化，影响加工质量，甚至使自动线不能连续地工作。因此，自动排屑是不容忽视的问题。

排屑自动化包括以下三个方面：①从加工区域把切屑清除出去；②从机床内把切屑运输到自动线以外；③从切削液中把切屑分离出去，以使切削液继续回收使用。

一、切屑的排除方法

从加工区域清除切屑的方法取决于切屑的形状、工件的安装方式、工件的材质及采用的工艺等因素。一般有以下几种方法。

（1）靠重力或刀具回转离心力将切屑甩出。这种方法主要用于卧式孔加工和垂直平面加工。为了便于排屑，在夹具、中间底座上要创造一些切屑顺利排出的条件。如加工部位要敞开，夹具和中间底座的平面尽量做成较大的斜坡并开洞，要避免造成堆积切屑的死角等。

（2）用大流量切削液冲洗加工部位。

（3）采用压缩空气吹屑。这种方法对已加工表面或夹具定位基面进行清理，如不通孔在攻螺纹前用压缩空气喷嘴清理残留在孔中的积屑，以及在工件装夹前对定位基面进行吹屑。

（4）负压真空吸屑。在每个加工工位附近安装真空吸管与主吸管相通，采用旋转容积式鼓风机，鼓风机的进气口与管道相接，排气端设主分离器、过滤器。这种方法对于干式磨削工序以及铸铁等脆性材料加工时形成的粉末状切屑最适用。

（5）在机床的适当运动部件上，附设刷子或刮板，周期性地将工作地点积存下来的切屑清除出去。

（6）电磁吸屑，适用于加工铁磁性材料的工件，工件与随行夹具通过自动线后需要退磁。

（7）在自动线中安排清屑、清洗工位。例如，为了将钻孔后的碎屑清除干净，以免下道工序攻螺纹时丝锥折断，可以安排倒屑工位，即将工件翻转，甚至振动工件，使切屑落入排屑槽中。

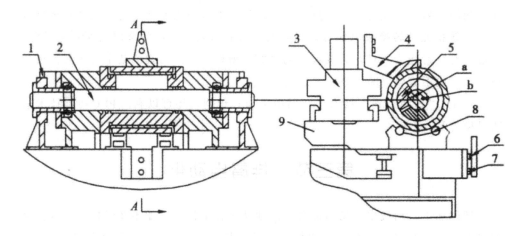

图 9-7 翻转倒屑装置

1-原位开关及振荡控制开关；2-轴；3-随行夹具；4-振臂；

5-动片；6-挡块；7-柱塞；8-辅助滚动支承；9-支臂

翻转倒屑装置如图 9-7 所示。当随行夹具被送进支臂 9 后，压力油从轴 2 的 a 孔进入回转液压缸，推动动片 5 带着支臂及随行夹具回转 180°，转到终点时，振臂 4 碰到液压振荡的柱塞 7，此时液压振荡器通入压力油使柱塞 7 产生往复振荡。柱塞 7 在振荡过程中向右移动时，将振臂 4 反时针方向顶开一个角度，向左复位时，振臂 4 由于机构自重而撞在固定挡块 6 上。如此往复振动，将切屑倒尽。振荡器用时间继电器控制，经过一定时间后，压力油从 b 孔进入液压缸，将支臂连同工件、随行夹具转回原位。

二、切屑搬运装置

具有集中冷却系统的自动线往往采用集中排屑。集中排屑装置一般设在底座下的地沟中，也可以贯穿各工位的中间底座。

自动线中常用的切屑搬运装置有平带输屑装置、刮板输屑装置、螺旋输屑装置及大流量切削液冲刷输屑装置。

（一）平带输屑装置

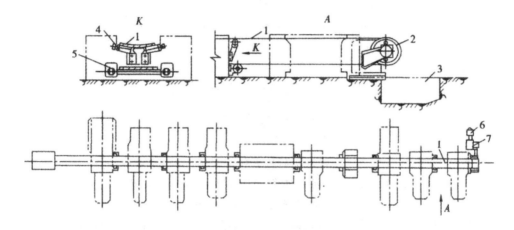

图9-8 平带输屑装置

1—平带；2—主动轮；3—容屑地坑；4—上支承滚子；

5—下支承滚子；6—电动机减速器

如图9-8所示，在自动线的纵向，用宽型平带1贯穿机床中部的下方，平带张紧在鼓形轮之间，切屑落在平带上后，被带到容屑地坑3中定期清除。这种装置只适用于在铸铁工件上进行孔加工工序，当加工钢件或铣削铸铁件时，切屑会无规律飞溅，落在两层平带之间被带到滚轮处引起故障，故不宜采用，也不能在湿式加工条件下适用。在机械加工设备中这种排屑装置已不再使用。

（二）刮板输屑装置

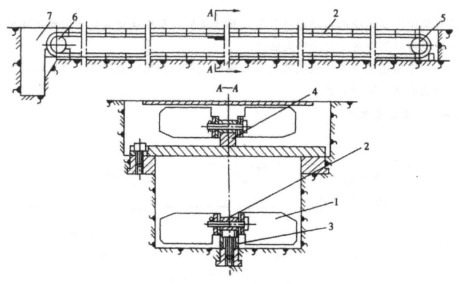

图 9-9 刮板式输屑装置

1-刮板；2-封闭式链条；3-下支承；4-上支承；
5、6-链轮；7-容屑地坑

如图 9-9 所示，该装置也是沿纵向贯穿自动线铺设，它可以设在自动线机床中间底座内或自动线下方地沟里。封闭式链条 2 装在两个链轮 5 和 6 上，焊在链条两侧的刮板 1 将地沟中的切屑刮到容屑地坑 7 中，再用提升器将切屑提起倒入小车中运走。这种装置不适用于加工钢件时产生的带状切屑。

（三）大流量切削液冲刷输屑装置

这种排屑方式采用大流量的切削液，将加工产生的切屑从机床一加工区冲落到纵向贯穿自动线的下方地沟中。地沟按一定的距离设有多个大流量的切削液喷嘴，将切屑冲向地沟另一端的切削液池中。通过切削液和切屑的分离装置，将切屑提升到切屑箱中，切削液重复使用。采用这种排屑方式需要建立较大的切削液站，需要增加切削液切屑分离装置。另外，在机床的防护结构上要考虑安全防护，以防止切削液飞溅。该系统适用于不很长的单条自动线，也适用于多条自动线及单台机床组成的加工车间；适用于铝合金等轻金属的切屑处理，也适用于钢及铸铁等材质工件的切屑处理。

第十章　检测过程自动化

检测自动化，是利用各种自动化装置和测试仪器，自动和灵敏地反映出被测量零件的参数或工艺过程参量，不断提供各种有价值的信息和数据。自动化检测的优势在于：加快检测速度并可使检测时间与加工时间重合，减少了大量辅助时间，加速了生产过程，因而提高了生产率，降低检测成本；排除人工检测中的主观因素和体能因素引起的检测误差，提高检测精度和可靠性；能在人工无法进行检测的场合实现自动检测，扩大检测应用范围；能对加工控制系统自动反馈检测信息，实现加工过程的自适应控制和优化生产。

第一节　机械制造中的自动检测技术

一、机械制造中的自动检测方式

机械加工过程是一个把原材料转变为产品的过程。要成功地实现加工转变，必须把握住加工过程中各种有价值的数据信息，才能使加工过程正常进行和控制加工质量，而检测就是获取和分析、处理制造过程中数据信息的技术手段。人工或自动的检测方法各种各样，被检测的可以是几何量、物理量或工艺参量。

所谓准确度检测就是检查和测量产品或工艺参量的实际值与理想值的符合程度，即确定误差值。误差可分为随机误差和系统误差两种，其中随机误差难以控制，而系统误差是测量的对象，如刀具磨损、由切削力和工件自重引起的机床变形，加工系统的热变形以及机床的导轨直线度误差等引起的工件尺寸、形状误差等。

在机械加工中的自动化检测可分为对产品的检测和对工艺过程的检测，而根据检测所处的时间和环境，可将检测分为离线检测、在位检测和在线检测。

加工后脱离加工设备对被测对象进行的检测称为离线检测，其结果不一定能反映加工时的实际情况，也不能连续检测加工过程的变化。对产品的检测一般都是离线检测，在工件加工完成后，按验收的技术条件进行验收和分组，包括尺寸和形状的精度、表面粗糙度、力学和表面性能、材料组织、外观等。在这类检测中，能自动将工件分为合格品和废品，需要时还能把合格零件自动分组以供应不同装配需求；这种被动检测方法只能作误差统计分析，从中找出加工误差的变化趋势，而不能预防废品的产生。

工件加工完毕后，在机床加工位置上进行的检测称为在位检测，所用检测仪器可以事先装在机床上，也可以临时安装使用。在位检测也只能检测加工后的结果，但可免除离线检测时由于加工与检验两者定位基准不重合所带来的误差，以及重复安装带来的误差，因此其结果更接近实际加工情况。此外，如果检测后发现工件不合格，可以立即返修，节省了反复搬运、对位安装的辅助时间。

在加工或装配过程中对被测对象进行的动态检测称为在线检测或主动检测。被检测对象是加工设备和工艺过程参量，如切削负荷、刀具磨损及破损、温升、振动、工件参数等。把检测结果与要求参量相比较，并反馈比较结果，自动控制加工过程，如改变进给量、自动补偿刀具的磨损、自动退刀、停车等，使之适应加工条件的变化，从而防止废品的产生。在线检测的特点如下：

（1）能够连续检测加工过程中的变化，及时了解加工中的误差分布和发展，为实时误差补偿和控制创造条件。

（2）检测结果能反映实际加工情况，如工件在加工过程中的热变形，离线检测就无法检测到。

（3）在线检测一般都采用在线检测系统，其自动运行，自动化程度高。

（4）在线检测时间长，接触式检测会造成触头磨损、发热、接触不稳定等问题，所以大都使用非接触传感器。这样不会破坏已加工的表面，但要求传感器性能好。

（5）加工过程中的检测会受到一些条件限制，如传感器的安置、传感器信号的导出、振动和噪声以及冷却液和切屑对传感器的影响等，所以实现难度比较大。

根据在线检测的对象，可将在线检测分为直接和间接检测两种类型。直接检测系统直接检测工件的加工误差并进行补偿，是一种综合的检测方式。它直接反映加工误差，但不容易实现。间接检测系统检测产生加工误差的误差源并进行补偿，如对机床主轴的回转运动误差进行检测和补偿，以提高工件的圆度；对螺纹磨床的母丝杠热变形进行检测和补偿，以提高被加工螺纹的螺距精度。这样的检测系统相对比较容易实现。

检测领域应用计算机技术以后，自动检测的范畴扩大到了生产过程各阶段，从对工艺过程的监视扩展到实现最佳条件的适应控制生产。从这种机能上说，自动检测不仅是质量管理系统的技术基础，而且是自动加工系统不可缺少的一个组成部分。

二、自动检测装置

（一）检测装置的发展

由于人工检测操作简单，在生产加工中仍广泛应用，检测工具也不断得到改进和更新。然而，随着市场竞争的日趋激烈，产品结构变得愈来愈复杂，产品设计制造的周期日益缩短，加工设备正向大型、连续、高速和自动化的方向发展，人工检测无论在检测精度还是检测速度方面，已不能满足生产加工的要求。随着计算机技术和信息技术广泛地应用于机械制造领域，自动化检测技术得到蓬勃发展，各种自动化检测装置应运而生，如用于尺寸、形状检测的定尺寸检测装置、三坐标测量机、激光测径仪以及气动或电动测微仪；采用电涡流方式的检测装置、机器视觉系统；用于表面粗糙度检测的3D表面系统；用于监测刀具磨损或破损的声发射、红外发射、探针等测量装置，以及利用切削力、切削力矩、切削功率对刀具磨损进行检测的装置等。

发展高效的自动检测设备，是发展自动化生产的前提条件之一。

机械加工产品的精度越来越高，表面粗糙度越来越低，因此对检测的要求也越来越高。另外，随着科学技术的不断进步，检测装置也越来越精密和功能强大。例如在尺寸精度测量装置方面，对于小尺寸测量，电容式传感器测头的分辨率可达 0.1 nm（量程 5μm）、频响＞10 kHz、线性误差＜0.1%；光电子纤维光学传感器测头的分辨率可达 0.5 nm（量程 30μm）、线性误差 5%；扫描隧道显微镜的分辨率可达 0.01 nm（量程 20 nm）；对于大尺寸测量，外差式激光干涉仪的分辨率可达 1.25 nm（量程±2.6 m）；高精度氦氖激光干涉仪的分辨率可达 0.01 nm（量程 2 m）；光栅尺的分辨率可达 10 nm（量程 1 m）。

（二）自动检测装置分类

自动测量装置的门类和规格繁多，有以下几种分类方法。

1.按测量信号的转换原理分

有电气式（电感式、互感式、电容式、电接触式和光电式等）和气动式（浮标式、波纹管式和膜片式等）。

2.按测量头与被测物的接触情况分

有接触式和非接触式。接触式的量头直接与工件被测表面相接触，工件被测参数的变化直接反映在量杆的移动量上，然后通过传感器转换为相应的电信号或气信号。按量头与工件表面的接触点数目又可分为单点式、两点式和三点式。非接触式的量头不与工件被测表面接触，而是借助气压、光束或放射性同位素的射线等的作用，反映被测参数的变化。这种测量方式不会因为测头与工件接触发生磨损而影响测量精度。

3.按检测目的分

有尺寸测量（直线长度尺寸、内外径尺寸、自由曲面弧度尺寸）、形状测量（圆度、圆柱度、同轴度、锥度、直线度、平行度、平面度、垂直度）、位置测量（孔同距、轮廓间距、孔到边缘距离）等，以及表面纹理、粗糙度的测量，这些包括了宏观和微观尺度的测量。

4.按检测方式分

有加工后撤至测量环境中的被动检测、在线的主动检测和在加工位置的工序间检测。

从应用时间场合上分，在自动化机床上应用的主动检验装置有零件加工前用的、加工过程中用的和加工后在机床上立刻检验用的三种。

在零件加工前用的主动检验装置仅有很少的应用例子。例如，生产活塞的自动化工厂，在按活塞重量修整工序中，对活塞进行预先自动称量，并根据称量结果，令活塞在机床上占据一定的加工位置，这个位置能保证切下所需的金属量。

在零件加工过程中的自动测量装置已得到广泛应用。加工中测量仪与机床、刀具、工件组成闭环系统，测得的工件尺寸用作控制反馈信号，不仅能减小工艺系统的系统误差，还能减少偶然误差。

加工后用的自动补偿装置，能根据刚加工完的工件尺寸信号，判断刀具磨损情况。当尺寸超出某一界限时，令补偿机构动作，防止后面加工的工件出现废品。

加工和检验过程合一的综合自动检测系统能达到比较好的主动检测效果。通过不断报告检测结果、零件达到规定尺寸后机床自动退刀、有出废品危险时立即停车等方法，主动控制工艺过程，并对加工过程自动进行调节，对加工参量自动进行补偿。

第二节 工件加工尺寸的自动测量

工件加工尺寸精度是直接反映产品质量的指标，因此，许多自动化制造系统中都采用自动测量工件的方法来保证产品质量和系统的正常运行。

一、工件尺寸的检测方法

工件加工尺寸精度的检测方法可以分为离线检测和在线检测。

（一）离线检测

离线检测的结果分为合格、报废和可返修三种。经过误差统计分析可以得到零件尺寸的变化趋势，然后通过人工干预来调整加工过程。离线检测设备在自动化制造系统中得到了广泛应用，主要有三坐标测量机、测量机器人和专用检测装置等。离线检测的周期较长，难以及时反馈零件的加工质量信息。

（二）在线检测

通过对在线检测所获得的数据进行分析处理后，利用反馈控制来调整加工过程，以保证加工精度。例如，有些数控机床上安装有激光在线检测装置，可在加工的同时测量工件尺寸，然后根据测量结果调整数控程序参数或刀具磨损补偿值，保证工件尺寸在允许范围内。在线检测又分为工序间（循环内）检测和最终工序检测：工序间检测可实现加工精度的在线检测及实时补偿；最终工序检测可实现对工件精度的最终测量与误差统计分析，找出产生加工误差的原因，并调整加工过程。在线检测是在工序内部，即工步或走刀之间，利用机床上装备的测头来检测工件的几何精度或标定工件零点和刀具尺寸。检测结果直接输入机床数控系统，由其修正机床运动参数，从而保证工件加工质量。

在线检测的主要手段是利用坐标测量机对加工后机械零件的几何尺寸与形状、位置精度进行综合检测。坐标测量机按精度可分为生产型和精密型两大类；按自动化水平可分为手动、机动和计算机直接控制三大类。在自动化制造系统中，一般选用计算机直接控制的生产型坐标测量机。

二、工件尺寸的自动测量装置

工件尺寸、形状的在线测量是自动化制造系统中很重要的功能。从控制工件加工误差的方面考虑，工件的尺寸、形状误差可分为随机误差和系统误差两种。由被测量对象，如刀具磨损、由切削力和工件自重引起的机床变形、加工系统的热变形以及机床导轨的直线度误差等所产生的系统误差，通常难以控制。为了减小这些系统误差所造成的工件加工误差，必须进行工件尺寸和形状的实时在线检测。

除了在磨床上采用定尺寸检测装置和摩擦轮方式以外，目前还没有可以实际使用的测量装置，而且摩擦轮方式的装置也仅是试验装置，只用于工序间检测。虽然在数控机床上，用接触式传感器测量工件尺寸的测量系统应用得很广泛，但也属于加工工序间检测或加工后检测，而且多半采用摩擦轮方式。

目前，在线检测、定尺寸检测装置多用在磨削加工设备中，这主要有三方面原因：首先，磨削加工时加工处供有大量切削液，可迅速去除磨削所产生的热量，不易出现热变形；其次，现在的数控机床通常都能满足一般零件的尺寸、形状精度要求，很少需要在线检测；最后，目前开发的测量系统多为光学式的，而传感器在较恶劣的加工环境中工作不是很可靠。因此，除了定尺寸检测装置和摩擦轮方式之外，实用的工件形状、尺寸的在线检测系统还不多，它是今后需要研究的课题。

实现工件尺寸的自动测量要依靠相应的测量装置。下面就以磨床的专用自动测量装置、三维测量头、激光测径仪和机器人辅助测量等测量装置为例，说明自动测量的原理和方法。

（一）磨床的专用自动测量装置

加工过程的自动检测是由自动检测装置完成的。在大批量生产条件下，只要将自动测量装置安装在机床上，操作人员不必停机就可以在加工过程中自动检测工件尺寸的变化，并能根据测得的结果发出相应的信号，控制机床的加工过程（如变换切削用量、停止进给、退刀和停车等）。

机床、执行机构与测量装置构成一个闭环系统。在机床加工工件的同时，自动测量头对工件进行测量，将测得的工件尺寸变化量通过信号转换放大器转换成相应的电信号，并在处理后反馈给机床控制系统，控制机床的执行机构，以保证工件尺寸达到要求。

（二）三维测量头的应用

CMM 的测量精度很高。为了保证它的高精度测量，避免因振动、环境温度变化等造成的测量误差，必须将其安装在专门的地基上和在很好的环境条件下工作。被检零件必须从加工处输送至测量机，有的需要反复输送几次，对于质量控制要求不是特别精确、可靠的零件，显然是不经济的。一个解决方法是将CMM上用的三维测量头直接安装在计算机数控机床上，该机床就能像CMM那样工作，而不需要购置昂贵的CMM，可以针对尺寸偏差自动进行机床及刀具补偿，加工精度高，不需要将工件来回运输和等待，但会占用机床的切削加工时间。

图 10-1 数控机床的三维测量头

现代数控机床，特别是在加工中心类机床上，图10-1所示的三维测量头的使用已经很普遍。测量头平时可以安放于机床刀库中，在需要检测工件时，由机械手取出并和刀具一样进行交换，装入机床的主轴孔中。工件经过高压切削液冲洗，并用压缩空气吹干后进行检测，测量杆的测头接触工件表面后，通过感应式或红外传送式传感器将信号发送到接收器，然后送给机床控制器，由控制软件对信号进行必要的计算和处理。

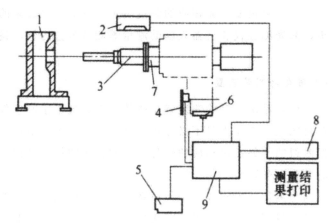

图 10-2 红外信号三维测量头自动测量系统原理图

1-工件；2-接收器；3-测量头；4-X、Y轴位置测量元件；

5-程序输入装置；6-Z轴位置测量元件；

7-机床主轴；8-CNC装置；9-CRT

图10-2所示为数控加工中心采用红外信号三维测量头进行自动测量的系统原理图。当装在主轴上的测量头接触到工作台上的工件时，立即发出接触信号，通过红外

线接收器传送给机床控制器，计算机控制系统根据位置检测装置的反馈数据得知接触点在机床坐标系或工件坐标系中的位置，通过相关软件进行相应的运算处理，以达到不同的测量目的。

（三）激光测径仪

激光测径仪是一种非接触式测量装置，常用在轧制钢管、钢棒等的热轧制件生产线上。为了提高生产率和控制产品质量，必须随机测量轧制过程中轧件外径尺寸的偏差，以便及时调整轧机来保证轧件符合要求。这种方法适用于轧制时温度高、振动大等恶劣条件下的尺寸检测。

激光测径仪包括光学机械系统和电路系统两部分。其中，光学机械系统由激光电源、氦氖激光器、同步电动机、多面棱镜及多种形式的透镜和光电转换器件组成；电路系统主要由整形放大、脉冲合成、填充计数部分、微型计算机、显示器和电源等组成。

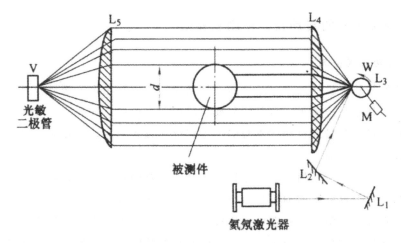

图 10-3 激光测径仪工作原理图

激光测径仪的工作原理图如图 10-3 所示，氦氖激光器光束经平面反射镜 L_1、L_2 射到安装在同步电动机 M 转轴上的多面棱镜 W 上，当棱镜由同步电动机 M 带动旋转后，激光束就成为通过 L，焦点的一个扫描光束，这个扫描光束通过透镜之后，形成一束平行运动的平行扫描光束。平行扫描光束经透镜 L_5 后，聚焦到光敏二极管 V 上。如果 L_4、L_5 中间没有被测钢管或钢棒，则光敏二极管的接收信号将是一个方波脉冲。

在工件的形状、尺寸中，除了工件直径等宏观几何信息外，对工件的微观几何信息，如圆度、垂直度等，也需要进行自动检测。与宏观信息的在线检测相比，微观信息的在线检测还远没有达到实用的程度。目前，微观信息的检测功能还没有配备到机床上，仍是一个研究课题。根据有关资料统计分析，像直线度这样的微观信息的检测方法主要有刀口法，还有以标准导轨或平板为基础的测量法以及准直仪法，但这些方法都较难实现在线检测。

（四）机器人辅助测量

随着工业机器人的发展，机器人在测量中的应用也越来越受到重视，机器人辅助测量具有在线、灵活、高效等特点，特别适合进行自动化制造系统中的工序间和过程测量。同三坐标测量机相比，机器人辅助测量造价低，使用灵活且容易入线。机器人辅助测量分为直接测量和间接测量：直接测量也称绝对测量，它要求机器人具有较高的运动精度和定位精度，因此造价较高；间接测量也称为辅助测量，其特点是测量过程中机器人坐标运动不参与测量过程，它的任务是模拟人的动作将测量工具或传感器送至测量位置。间接测量方法具有如下特点：机器人可以是一般的通用工业机器人，例如在车削自动线上，机器人可以在完成上、下料工作后进行测量，而不必为测量专门设置一个机器人，使机器人在线具有多种用途；对传感器和测量装置的要求较高，由于允许机器人在测量过程中存在运动或定位误差，因此，传感器或测量仪应具有一定的智能和柔性，能进行姿态和位置调整并独立完成测量工作。

三、加工过程的自动在线检测和补偿

（一）自动在线检测

自动线作为实现机械加工自动化的一种途径，在大批量生产领域已具有很高的生产率和良好的技术经济效果。自动线需要检测的项目很多，如要求及时获取和处理被加工工件的质量参数以及自动线本身的加工状况和设备信息，以便对设备进行调整和对工艺参数进行修正等。

自动在线检测一般是指在设备运行、生产不停顿的情况下，根据信号处理的基本原理，跟踪并掌握设备当前的运行状态，预测未来的状况，并根据实际出现的情况对生产线进行必要的调整。只有在设备运行的状态下，才可能产生各种物理的、化学的信号以及几何参数的变化。通常，当这类信号和参数的变化超过一定范围时，即被认为存在异常状况，而这些信号的获取都离不开在线检测。

在机械加工的实际应用中，可根据自动在线检测应用的范围和深度不同，将自动在线检测大致分为自动检测、机床监测和自适应控制。

1.自动检测

指主动自动检测，即加工过程中测量仪与机床、刀具、工件等设备组成闭环系统。通过在线检测装置将测得的工件尺寸变化量经过信号转换和放大后送至控制器，执行机构对加工过程进行控制。

2.机床监测

检测系统利用机床上安装的传感元件获得有关机床、产品以及加工过程的信息。这类信息一般为实时输入和连续传输的信息流。机床监测的基本方法是将机床上反馈来的监测数据与机床输入的技术数据相比较，并利用比较的差值对机床进行优化控制。

3.自适应控制

指加工系统能自动适应客观条件的变化而进行相应的自我调节。

实现在线检测的方法有两种：一种是在机床上安装自动检测装置，如磨床上的自动检测装置和自适应控制系统中的过程参数检测装置等；另一种是在自动线中设置自动检测工位。

机械加工的在线检测，一般可分为自动尺寸测量、自动补偿测量和安全测量三种方法。

对于现代化加工中心而言，有的具有综合在线检测功能，如能够识别工件种类、检查加工余量、探测并确定工件的零基准以使加工余量均匀、检查工件的尺寸和公差、显示打印或传输关键零件的尺寸数据等。对于自动化单机来说，可具有自动尺寸测量装置和自动补偿装置，避免停机调刀，以实现高精度、高效率的自动化加工。自动检测在机械加工过程中能实时地向操作人员报告检测结果；当零件加工到规定尺寸后，机床能自动退刀；在即将出现废品时，机床可自动停机等待调整或根据测量结果自动调整刀具位置或改变切削用量。如果由具有自动尺寸测量、自动补偿测量装置的机床来组成自动线，那么该自动线也具有自动尺寸测量、自动补偿测量的功能。对于由组合机床或专用机床组成的自动线，常在自动线中的适当位置设置自动检测工位来检测尺寸精度，并在超差时报警，由人工对自动线进行调整。

（二）自动补偿

如要保持工件的加工精度就必须经常停机调刀，将会影响加工效率。尤其是自动化生产线，不仅影响全线的生产率，产品的质量也不能得到保证。因此，必须采取措施来解决加工中工件的自动测量和刀具的自动补偿问题。

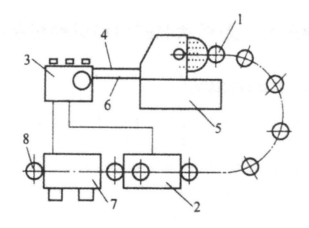

图10-4 自动补偿的基本过程

1-工件；2-测量装置；3-信号转换、放大装置；

4、5-控制线路；6-机床；7-自动分类机；7-合格品

目前，加工尺寸的自动补偿多采用尺寸控制原则，在不停机的状态下，将检测的工件尺寸作为信号控制补偿装置，实现脉动补偿，其工作原理如图10-4所示。工件1在机床5上加工后及时送到测量装置2中进行检测。在因刀具磨损而使工件尺寸超过

一定值时，测量装置2发出补偿信号，经装置3转换、放大后由控制线路4操纵机床上的自动补偿装置使刀具按指定值作径向补偿运动。当多次补偿后，总的补偿量达到预定值时停止补偿；或在连续出现的废品超过规定数量时，通过控制线路6使机床停止工作。有时还可以同时应用自动分类机7让合格品8通过，并选出可返修品、剔除废品。

所谓补偿，是指在两次换刀之间进行刀具的多次微量调整，以补偿切削刃磨损给工件加工尺寸带来的影响。每次补偿量的大小取决于工件的精度要求，即尺寸公差带的大小和刀具的磨损情况。每次的补偿量越小，获得的补偿精度就越高，工件尺寸的分散范围也越小，对补偿执行机构的灵敏度要求也越高。

根据误差补偿运动实现的方式，可分为硬件补偿和软件补偿。硬件补偿是由测量系统和伺服驱动系统实现的误差补偿运动，目前多数机床的误差补偿都采用这种方式。软件补偿主要是针对像三坐标测量机和数控加工中心那样的结构复杂的设备。由于热变形会带来加工误差，因此，其补偿原理通常是：先测得这些设备因热变形产生的几何误差，并将其存入这些设备所用的计算机软件中；当设备工作时，对其构件及工件的温度进行实时测量，并根据所测结果通过补偿软件实现对设备几何误差和热变形误差的修正控制。

自动调整相对于加工过程是滞后的。为保证在对前一个工件进行测量和发出补偿信号时，后一个工件不会成为废品，就不能在工件已达到极限尺寸时才发出补偿信号，而必须建立一定的安全带，即在离公差带上、下限一定距离处，分别设置上、下警告界限。

第三节　刀具状态的自动识别和监测

一、刀具尺寸控制系统的概念

在自动化生产中，为了缩短调刀、换刀时间，保证加工精度，提高生产效率，已广泛采用尺寸控制系统。刀具尺寸控制系统是指加工时对工件已加工表面进行在线自动检测。当刀具因磨损等原因，使工件尺寸变化而达到某一预定值时，控制装置发出指令，操纵补偿装置，使刀具按指定值进行微量位移，以补偿工件尺寸变化，使工件尺寸控制在公差范围内。

二、刀具补偿装置的工作原理

通常自动补偿系统由测量装置、信号转换或控制装置和补偿装置等三部分组成。自动补偿系统的动作滞后于加工过程，为保证加工前一个工件时后一个工件的加工不会受到太大的影响，必须在工件达到极限尺寸前就发出补偿信号。一般应使发出补偿信号的界限尺寸在工件的极限尺寸以内，并留有一定的安全带。如图10-5所示，通常将工件的尺寸公差带分为若干区域。图 10-5（a）所示为孔的补偿带分布图，加工孔时，由于刀具磨损，工件尺寸不断变小。当进入补偿带 B 时，控制装置就发出补偿信号，补偿装置按预先确定的补偿量补偿，使工件尺寸回到正常尺寸 Z 中。在靠近上、下极限偏差处，还可根据具体要求划出安全带 A，当工件尺寸由于某些偶然原因进入安全带时，控制装置发出换刀或停机信号。图 10-5（b）所示是轴的补偿带分布图。在某些情况下，考虑到可能由于其他原因，例如机床或刀具的热变形，会使工件尺寸朝相反的方向变化，如图 10-5（c）所示，将正常尺寸带 Z 放在公差带的中部，两端均划出补偿带 B。此时，补偿装置应能实现正、负两个方向的补偿。一般情况下，若某个工件的尺寸进入补偿带时不会立即给予补偿，而是当有连续的几个补偿信号发出时，补偿装置才会收到动作信号。

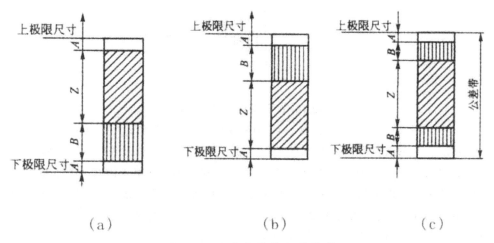

图 10-5 尺寸公差带与补偿带

（a）孔的补偿分布图；（b）轴的补偿带分布图；（c）正负两方向的补偿分布图

Z-正常尺寸带；B-补偿带；A-安全带

测量控制装置大多向补偿装置发出脉冲补偿信号，或者补偿装置在接收信号以后进行脉动补偿。每一次补偿量的大小，决定于工件的精度要求，即尺寸公差带的大小，以及刀具的磨损状况。每次的补偿量越小，获得的补偿精度越高，工件的尺寸分散度也越小。但此时对补偿执行机构的灵敏度要求也越高。当补偿装置的传动副存在间隙和弹性变形以及移动部件间有较大摩擦阻力时，就很难实现均匀而准确的补偿运动。

三、刀具补偿装置的典型机构与应用

（一）双端面磨床的自动补偿

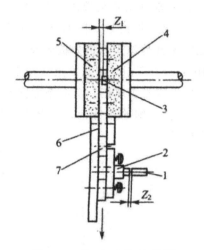

图 10-6 自动测量示意图

1、5-喷嘴；10-挡板；4、10-砂轮；10-定位板；7-工件

图 10-6 所示为磨削轴承双端面的情形，机床有左右两个砂轮 4 和 5，被磨削工件 7 从两个砂轮间通过，同时磨削两个端面，气动量仪的喷嘴 3 用于测量砂轮 5 相对于定位板 6 的位置，并保证定位板 6 比砂轮 5 的工作面低一个数值 Δ，以保证工件顺利输出。已加工工件 7 的厚度由挡板 2、气动喷嘴 1 进行测量。如果砂轮 5 磨损了，则气隙 Z_1 变大，气动量仪将发出信号，使砂轮 5 进行补偿；如果工件尺寸过厚，则气隙 Z_2 将变小，气动量发出信号，使砂轮 4 进行补偿。

（二）镗孔刀具的自动补偿

镗刀的自动补偿方式最常用的是借助镗杆或刀夹的特殊结构来实现补偿运动。这一方式又可分为两类。

（1）利用锤杆轴线与主轴回转轴线的偏心进行补偿。

（2）利用摆杆或刀夹的弹性变形实现微量补偿。

压电晶体式自动补偿装置是一种典型的变形补偿装置，它是利用压电陶瓷的电致伸缩效应来实现刀具补偿运动的。如石英、钛酸钡等一类离子型晶体，由于结晶点阵的规则排列，在外力作用下产生机械变形时，就会产生电极化现象，即在承受外力的相应两个表面上出现正负电荷，形成电位差，这就是压电效应。反之，晶体在外加直流电压的作用下，就会产生机械变形，这就是电致伸缩效应。

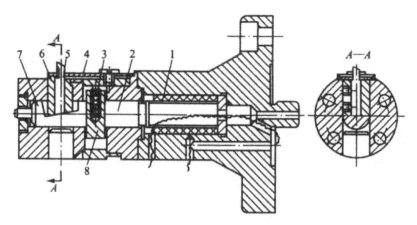

图 10-7 电晶体式自动补偿装置
1-压电陶瓷元件；2-滑柱；3-弹簧；4-板弹簧；
5-镗刀；6-滑套；7-圆柱楔块；8-方形楔块

　　采用压电陶瓷元件的镗刀自动补偿装置如 10-7 所示。该装置的补偿原理如下：当压电陶瓷元件 1 通电时向左伸长，于是推动滑柱 2、方形楔块 8 和圆柱楔块 7，通过圆柱楔块 7 的斜面，克服板弹簧 4 的压力，将固定在滑套 6 中的镗刀 5 顶出；当通入反向直流电压时，压电陶瓷元件 1 收缩，在弹簧 3 的作用下，方形楔块 8 向下位移，以填补由于元件收缩时腾出的空隙；当再次变换通入正向电压时，压电陶瓷元件 1 又伸长，如此循环下去，经过若干次脉冲电压的反复作用，刀具向外伸出预定的补偿量。

　　该装置采用 300 V 的正反向交替直流脉冲电压以计数继电器控制脉冲次数。每一脉冲的补偿量为 0.002～0.003 mm，刀尖的总补偿量为 0.1 mm。

第四节　自动化加工过程的检测与监控

一、监控系统的组成和功能

　　有效的监控加工过程是实现机械制造自动化的最基本要求之一。在线监控技术涉及很多的技术领域，如传感技术领域和计算机技术领域。自动化加工过程的监控系统主要由四个系统组成：信号检测系统、特征提取系统、状态识别系统和决策与控制系统。

（一）信号检测系统

　　机械加工时存在很多状态信号，它们以各自的方式反映加工进行的程度和状态的变化。常见的检测信号很多，如切削力、切削功率等。选择正确的检测信号是监控成功的第一步。这一信号必须能够及时而准确地反映加工状态的变化且易于实现监测，最重要的是被检信号要稳定，同样信号检测不能影响整个机械加工的进行。监控信号由相应的传感器捕获并进行预处理。

（二）特征提取系统

特征提取是基于被检信号的又一次加工，从大量的检测信号中提取出最相关的特征参数，其目的是提高信号的信噪比，增强系统的抗干扰能力。常用的提取方式有时域法和频域方法等，提取的特征参数质量将直接影响监控系统的性能和可靠性。

（三）状态识别系统

通过建立合理的识别模型，根据所获取加工状态的特征参数，将加工过程的状态进行分类判断。建模就是建立特征参数与加工状态的映射。建模方法主要有统计法、模式识别、专家系统、模糊推理判断法、神经网络法等。

（四）决策与控制系统

根据状态识别的结果，在决策模型指导下对加工状态中出现的故障作出判决，并进行相应的控制和调整，例如改变切削参数、更换刀具、改变工艺等。要求决策系统实时、快速、准确、适应性强。

二、刀具的自动监控

随着柔性制造系统、计算机集成制造系统等自动化加工系统的发展，对加工过程刀具的切削状态的实时在线监测越来越必要。在自动化制造系统中，设置刀具磨损、破损检测与监控装置，可以防止发生工件成批报废和设备损坏事故。刀具的自动监控范围主要包括刀具寿命、刀具磨损、刀具破损以及其他形式的刀具故障。

（一）刀具寿命自动监控

刀具寿命检测原理是通过对刀具加工时间的累计，直接监控刀具的寿命。当累计时间达到预定的刀具寿命时，发出换刀信息，计算机控制系统将立即中断加工作业，或者在加工完当前工件后即停车换刀。这样利用检测装置的定时和计数功能，便可有效地进行刀具寿命管理。还有一种建立在以功率监控为基础的统计数据上的刀具寿命监测方法，它无须预先确定刀具寿命，而是通过调用统计的"净功率-时间"曲线和可变时钟频率信号来适应不同的刀具和切削用量，实现刀具寿命监控。它能随时显示刀具使用寿命的百分数，当示值达到100%时，表示已到临界磨损，应给予更换。

（二）刀具磨损、破损的自动监测

长期以来人们研究和应用了许多刀具磨损、破损的自动监测方法，大致可分为直接法和间接法两类。直接法主要包括视觉图像法、接触法和激光法。间接法主要包括切削力（扭矩）法、功率（电流）法、切削温度法、声发射法和噪声／振动分析法以及加工表面纹理与粗糙度辨识法等。在大多数切削加工过程中，刀具的磨损量往往因被工件、切屑等所遮盖而很难直接测量。因此，目前对刀具磨破损状态的监控，更多的是采用间接方式。

1.监测切削力

切削过程中会产生切削力。切削力不仅是制定切削用量和设计切削机床的重要依据，也是表征切削过程的最重要特征和自动化加工中对切削过程进行监测的重要信号，可用作对切削过程进行自适应控制的重要参数。

切削力的变化是切削过程中与刀具磨损、破损状态最为密切相关的一种物理现象，切削力对刀具的破损和磨损十分敏感。当刀具磨钝或轻微破损时，切削力会逐步增大。而当刀具突然崩刃或破损时，三个方向的切削力会不同程度地增大，故可以用切削力的比值或比值的导数作为判别刀具磨破损的依据。采用切削力作为工况监测信号，具有反应迅速、灵敏度高的优点。

测力仪可用于测量动态切削力，而且能同时测量各向切削分力和扭矩。根据测力仪所应用的测量方法和测力传感器来分类，有机械的、液压的、电容的、电感的、炭堆电阻的、电阻应变片的和压电晶体的等种类，其中压电晶体传感器因灵敏度高，受力变形小而应用日益广泛。石英是一种各向异性的透明单晶体，外形呈六棱柱状，可根据需要将石英晶体切成不同方向和不同尺寸的晶片。不受外力时，石英晶体中质点正负电荷重心重合，晶体的总电矩为零，晶体表面不产生电荷；受外力而沿一定方向发生形变时，引起正负电荷偏离平衡位置，重心不重合而使总电矩发生改变，晶体两相对表面产生电荷现象。石英力传感器就是利用这种由于机械力的作用而产生表面电荷的效应。不同方向切片的石英晶体，产生电荷的力作用方向不同，测力仪中的压电晶体传感器使用纵向压电效应和切向压电效应，垂直于X轴切成的晶片仅对垂直于晶片的力敏感而产生电荷，对切向力不敏感；垂直于Y轴切成的晶片仅对切向力敏感而对垂直力不敏感，故可用在多向分力的测量而避免分力的相互干扰。这类典型的切削力测量系统由测力计、电荷放大器、信号采集卡、计算机和切削力测量软件组成。压电传感器输出的电荷，经电荷放大器放大和转换，成为计算机信号采集卡可读入的电压信号，读入计算机后经专用软件处理，按需要输出测量值或绘出力的变化图形。测力仪需经事先静态和动态标定，以便将测力时的电压输出读数转换成力值。

车削测力仪、钻削测力仪、铣削测力仪都有许多成熟的产品，但台式测力计对工件安装尺寸的限制使它主要用于实验研究。德国 Promess 公司生产的力传感器装在主轴轴承上，即制成专用测力轴承，可以方便地用于实际生产中测量切削力，其他公司也相继推出了类似产品。其工作原理是：滚动轴承外环圆周上开槽，沿槽底放入应变片，滚动体经过该处即发生局部应变，经应变片桥路给出交变信号，其幅度与轴承上的作用力成正比。应变片按180°配置，两个信号相减得轴承上作用的外力，相加则得到预加载荷。如能预先求得合理的极限切削力，则可判断刀具的正常磨损与异常损坏。

2.监测功率

功率监测法是通过测定主轴负荷功率或电流电压相位差及电流波形变化等来确定切削过程中刀具是否破损。刀具磨损或破损时，由于切削力的增大，造成切削功率的增加，从而使机床驱动主运动的电机负载变大。

3.监测声发射

用声发射（AE）法来识别刀具破损也是受到关注的一种监控方法。声发射是固体材料受外力或内力作用而产生变形、破裂或相位改变时以弹性应力波的形式释放能量的一种现象。声发射信号可用压电晶体等传感器检测出来。切削加工中，刀具如果锋利，切削就轻快，刀具释放的变形能就小，AE信号微弱；刀具磨损会使切削抗力上升，从而导致刀具的变形增大，产生高频、大幅度的增强声发射信号，破损前其AE信号则会急剧增加。

4.监测振动信号

振动信号对刀具磨损和破损很敏感。像小直径的钻头和丝锥等，在加工中容易折断，故可在攻螺纹前的工位设置刀具破损自动检测，并及时报警，以防止在攻螺纹工序中出现工具破坏和成批的废品。一个加速度计被安装在刀架的垂直方向以获取和引出振动信号，信号经放大、滤波和模数转换后送入计算机进行数据处理和比较分析。当计算机判别刀具磨损的振动特征量超过允许值时，控制器就会发出换刀信号。但是，由于刀具的正常磨损与异常磨损之间的界限不明确，针对各种工况不容易事先设定合适的特征量临界值，只有通过模式识别构造出判断函数，并且能在切削过程中自动修正界定值，才能保证在线监控的结果正确。此外，需要正确选择振动参数以及排除切削过程中干扰因素的敏感频段。

5.监测切削温度

切削和磨削时所消耗的功，有97%～99%转化为热能。这些热能绝大部分由切屑、工件和刀具传出，少量以热辐射的形式向周围散发。切削热、磨削热可能引起工件变形，影响加工精度；可能使工件表面产生金相组织变化甚至烧伤，影响零件耐磨性。切削热也是引起刀具磨损的主要原因之一。因此，通过在线监测切削、磨削温度可以掌控加工过程，有助于实现自动化加工。

切削、磨削温度的测量方法有许多种，其中热电偶法和红外测温法应用最多：利用刀具与工件组成自然热电偶，测量刀具—工件接触面的平均温度和利用红外热像仪监控切削、磨削区温度场是在自动化生产过程中比较有实际意义的方法。

自然热电偶法利用刀具和工件作为热电偶的两极，切削时刀具和工件接触，形成测温回路。切削时刀—工接触处温度升高，成为热端，测温电路刀具和工件引出端保持室温为冷端，因此测温回路中产生温差电势，它反映热端和冷端的温差大小。测出温差电势的大小，并根据刀具、工件两电极材料与温差电势的标定关系，就可得到切削中刀—工接触面的平均温度。

用热电偶法测温时需注意冷端温度上升而引起的附加电势补偿问题。通过采取各种措施尽量使冷端保持低温，如采用接长杆或补偿导线，使冷端远离热端，或者测量冷端温度后进行数据补偿处理。此外，用自然热电偶测量切削温度时，需要解决将高速旋转的刀具或工件上的热电势信号导出到静态接点的问题。常用的方法是采用铜顶尖、水银集流器或电刷，但这也会引起附加电势，应对此进行补偿。

红外测温法是利用物体的热辐射特性来测量温度的，属于非接触式测温，具有测量范围大、测量速度快的特点。使用红外电温度计可测量刀具或工件端面某点的温度；使测温计与刀具或工件同步移动，则可动态检测某点的温度；多点布置红外点温度计，可以测量刀具或工件表面的温度分布。红外温度传感器品种繁多，一些高精超小系列红外测温探头只有拇指大小，测温范围却可从-40～1100℃，最小探点为1／2mm，信号输出方式有标准模拟输出和数字输出。基于计算机数据采集与处理的红外自动测温技术在自动化生产中得到广泛应用。

由于工件和刀具都不是黑体，所以应用红外测温技术时应进行标定，即需要得出被测物体表面温度与测温仪器接收红外辐射强度的关系。通常是用实验标定法。

更直接的测量刀具和工件温度分布的手段是使用红外热像仪。红外热像仪利用红外探测器和光学成像物镜接受被测目标的红外辐射能量分布，从而将不可见的红外能量转变为可见的红外热图像，热图像上的不同颜色表示被测物体表面的不同温度。目前，红外热像仪已具备红外图像和可见光图像合成功能，有些可动态监视和保存图像的热像仪，与计算机视频和图像技术结合，可用于加工过程的温度分布监视和记录。

6.检测工件已加工表面

相对于其他的监测方法而言，这类非接触式刀具状态监测方法具有所需设备和时间少、激光可以远距离发送和接收的优点，目前已得到一些应用，并可能逐步发展成为刀具状态监测的重要手段。

7.多传感器信息融合

关于刀具磨破损状态间接检测的方法还有很多，但每种方法都有其优点和缺点。欲通过间接法得到满意的刀具磨破损状态检测监控效果，需要建立比较理想的刀具磨损检测模型（对刀具状态变化反应灵敏，而对切削条件变化不敏感），开发利用灵敏、稳定、实用的测量装置。

由于单一传感器监测技术只能提供局部信号源信息，所获得的信息量有限，抗干扰能力低，限制了监测系统可靠性的提高，刀具状态监测的信息采集正向多传感器方向发展。采用多传感器监测技术对切削过程中的刀具状态进行在线监测，能提供不同的信息源，综合利用多种特征参数，较完善、精确地反映切削过程特征。它具有信息覆盖范围广、抗干扰能力强等特点。这些传感器的安装不影响机床的加工性能，具有良好的工业应用前景。

三、加工设备的自动监控

自动化加工设备运行中因其零部件和元器件受到力、热、摩擦、磨损等多种作用，可能产生各种物理的、化学的信号以及几何参数等运行状态的不断变化，当这类信号和参数的变化超过一定范围时，即被认为存在运行异常。加工设备自动监控的目标就是检测并诊断故障，其基本方法是将加工设备反馈的监测数据与加工设备输入的技术数据相比较，并利用比较差值对加工设备进行优化控制。

对加工设备进行自动监控，首先是进行状态量的监测。状态量监测就是用适当的传感器实时监测设备运行状态参数是否在正常范围。通常监测的参数有振动（位移、速度或加速度）、温度、压力、油料成分、电压、电流、声发射等。例如，当机床等加工设备的振动幅值或振动的频谱变化值超出已知常规范围，可能表明设备的轴承、齿轮、转轴等运动件出现磨损、破损、破裂等故障；通过监测设备的温度，可以判别机床主轴轴承、移动副等部位的配合和磨破损状态；监测油压、气压能及时预报油路、气路的泄漏状况，防止夹紧力不够而出现故障；监测润滑油的成分变化可以预测轴承等运动部件出现磨损、破损现象；监测电压、电流可以掌握电子元件的工作状态以及负荷情况；监测声发射信号可以判断机床轴承、齿轮的破裂等故障。

在获得状态量监控数据流的基础上，要进行加工设备运行异常的判别，即将状态量的测量数据进行适当的信息处理，判断是否出现设备异常的信号。对于状态量逐渐变化造成运行异常的情况，可以根据其平均值进行判别。但是，在某些情况下，如果状态量的平均值不变化，而状态参数值的变化却在逐渐增大。此时，仅根据运行状态量的平均值不能判别其是否出现异常情况，而需要根据其方差值进行判别。同样的振动数据，假如是滚动轴承损伤产生特定频率的振动时，其异常现象用振动信号的方差也难以发现，这时就要找出这些数据中含有哪些频率成分，要用相关分析、谱分析等信号处理方法才能判别。

对设备的运行状态监测和状态异常的判别只能判断某台设备运转不正常，不能识别出故障发生的原因和位置，故仍难以排除故障和阻止重新出现该故障。识别故障原因是故障诊断中最难、最耗时的工作。人工智能、故障检测与诊断专家系统等被用于自动化设备的故障诊断。随着制造业的发展，加工设备结构越来越复杂精巧，越来越多学科技术综合化，对其故障的诊断技术要求也越来越高。另外，加工设备的模块化、数字化、智能化趋势也能为设备故障诊断提供有利条件。

第十一章　智能制造时代的工业机器人

第一节　智能制造时代工业机器人的产生

　　智能制造离不开智能装备，而在未来，智能装备中应用得最广泛的即为工业智能机器人。工业机器人是集机械工程、控制工程、传感器、人工智能、计算机等技术为一体的自动化设备，它可以替代人执行特定种类的工作。目前，工业机器人已广泛应用于工业生产各个环节中，如物料运送、加工过程中的上下料、刀具的更换、零件的焊接、产品的装配检测等，对提高劳动生产率和产品质量、改善劳动条件起到了重要作用。

　　工业机器人的基本工作原理和机床相似，是由控制装置控制操作机上的执行机构实现各种所需的动作和提供动力。工业机器人是机器人的一种，它是一种能仿人操作、自动控制、可重复编程、能在三维空间完成各种作业的机电一体化的自动化生产设备，特别适合于多品种、变批量的柔性生产。

一、工业机器人的发展

　　工业机器人是整个制造系统自动化的关键环节之一，也是当前机电结合的高科技产物。世界上第一台机器人试验样机于 1954 年诞生于美国。1958 年，美国 Condolidated 公司开发出世界上第一台工业机器人，从那时起至今，机器人技术从起源到发展逐步走向成熟。1962 年，美国 Unimation 公司的 Unimate 机器人和 AMF 公司的 Versatran 机器人是世界上最早的实用工业机器人。

　　20 世纪 70 年代机器人得到迅速发展和广泛应用。这个时期，美国由于研究开发、生产和应用的脱节导致机器人技术在美国发展缓慢。而日本的机器人技术则在政府的技术政策和经济政策扶植下，迅速走出了从试验应用到成熟产品的大量应用阶段，工业机器人得以大量的生产和应用，日本成为世界第一的"机器人王国"。

　　20 世纪 80 年代，工业机器人进入普及时代，汽车、电子等行业开始大量使用工业机器人，推动了机器人产业的发展。机器人的研究开发，无论是从水平还是规模都得到了迅速的发展，高性能的机器人所占比例不断增加。

20世纪90年代初期，工业机器人的生产与需求进入高潮期，出现了具有感知、决策能力的智能机器人，产生了智能机器或机器人化机器。

目前，我国在喷涂机器人、焊接机器人、搬运机器人、装配机器人及矿山、建筑、管道作业等特种机器人方面，技术和系统应用的成套技术继续开发和完善，进一步开拓了市场，扩大了应用领域。

二、工业机器人的组成

工业机器人由三大部分六个子系统组成。三大部分是机械部分、传感部分和控制部分。六个子系统是机械结构系统、驱动系统、感知系统、机器人-环境交互系统、人机交互系统和控制系统，可用图11-1来表示。

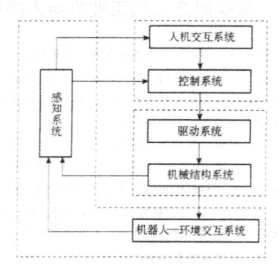

图 11-1 工业机器人的组成

（一）机械结构系统

工业机器人的机械结构系统由基座、末端操作器、手腕、手臂组成，如图11-2所示。基座、末端操作器、手腕、手臂各有若干个自由度，构成一个多自由度的机械系统。

基座是工业机器人的基础部件，承受相应的载荷。基座分为固定式和移动式两类。若基座具备行走机构，则构成行走机器人；若基座不具备行走及回转机构，则构成单机器人臂（Single Robot Arm）。

末端操作器（End Effector）又称手部，是机器人直接执行任务，并直接与工作对象接触以完成抓取物体的机构。末端操作器既可以是像手爪或吸盘这样的夹持器，也可以是像喷漆枪、焊具等这样的作业工具，还可以是各种各样的传感器等。夹持器可分为机械夹紧、真空抽吸、液压夹紧、磁力吸附等。

手腕（Wrist）是连接手臂和末端执行器的部件，用以调整末端操作器的方位和姿态，一般具有2～3个回转自由度以调整末端执行器的姿态。

手臂（Manipulator）是支撑手腕和末端执行器的部件。它由动力关节和连杆组成，用以改变末端执行器的空间位置。

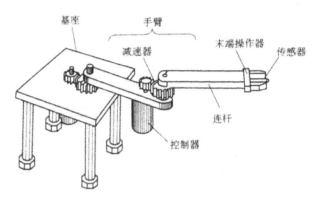

图 11-2 工业机器人的机械结构系统

（二）驱动系统

驱动系统由驱动器、减速器、传动机构等组成，是用来为操作机各部件提供动力和运动的组件。驱动系统可以是液压传动、气动传动、电动传动，或者是它们的混合系统（如电-液混合驱动或气-液混合驱动等），也可以是直接驱动或者是通过同步带、链条、轮系、谐波齿轮等机械传动机构进行间接驱动。驱动系统是将电能、液压能、气能等转换成机械能的动力装置。

（三）感知系统

感知系统由内部传感器和外部传感器模块组成，用于获取内部和外部环境中有意义的信息。内部传感器可以对机器人执行机构的位置、速度和力等信息进行检测，而外部传感器可以获得机器人所在周围环境的信息。这些信息根据需要反馈给机器人的控制系统，与设定值进行比较后，对执行机构进行调整。智能传感器的使用提高了机器人的机动性、适应性和智能化的水平。工业机器人常用的传感器包括力、位移、触觉、视觉等传感器。

（四）机器人-环境交互系统

机器人-环境交互系统是实现工业机器人与外部环境中的设备相互联系和协调的系统。工业机器人与外部设备集成为一个功能单元，如加工制造单元、焊接单元、装配单元等。

（五）人机交互系统

人机交互系统是使操作人员参与机器人控制并与机器人进行联系的装置，常见的人机交互系统包括计算机的标准终端、指令控制台、信息显示板、危险信号报警器、示教盒等。

（六）控制系统

控制系统是工业机器人的核心部件，它通过各种控制电路硬件和软件的结合来操控机器人，并协调机器人与生产系统中其他设备的关系。

图11-3所示为一个典型的工业机器人系统的基本构成。该机器人由机器人主体、控制器、示教盒和PC等组成。可用示教的方式和用PC编程的方式来控制机器人的动作。

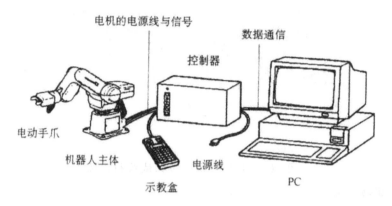

图 11-3 工业机器人系统

三、工业机器人的分类

（一）按机器人的坐标系分类

按机器人手臂在运动时所取的参考坐标系的类型，机器人可以分为直角坐标机器人、圆柱坐标机器人、球坐标机器人、关节坐标机器人和平面关节机器人，如图11-4所示。

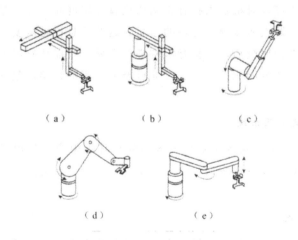

（a）　　　　　　（b）　　　　　　（c）

（d）　　　　　（e）

图 11-4 工业机器人的分类

（a）直角坐标型；（b）圆柱坐标型；（c）球坐标型；

（d）关节坐标型；（e）平面关节型

1.直角坐标机器人

这种机器人由3个线性关节组成，这3个关节用来确定末端操作器的位置，通常还带有附加的旋转关节，用来确定末端操作器的姿态。这种机器人结构简单，避障性好，但结构庞大，动作范围小，灵活性差。

图11-5所示的虚线为直角坐标机器人的工作空间示意图，它是一个立方体形状。

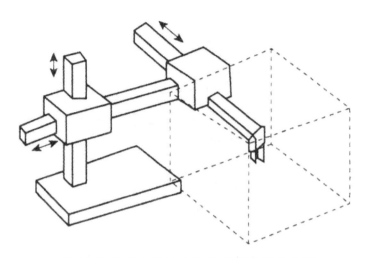

图 11-5 直角坐标机器人的工作空间示意图

2.圆柱坐标机器人

圆柱坐标机器人由两个滑动关节和一个旋转关节来确定部件的位置，再附加一个旋转关节来确定部件的姿态。这种机器人灵活性较直角坐标机器人好，但结构庞大。圆柱坐标机器人工作范围呈圆柱形状，如图11-6所示。

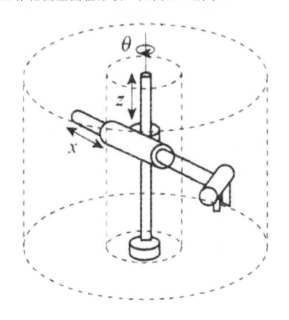

图 11-6 圆柱坐标机器人的工作空间示意图

3.球坐标机器人

这种机器的两个转动驱动装置容易密封，占地面积小，覆盖工作空间较大，结构紧凑，位置精度尚可，但避障性差，有平衡问题。球坐标机器人的工作空间范围呈球冠状，如图11-8所示。这种机器人较上述两种机器人结构紧凑，灵活性好，但精度稍差，且避障性差。

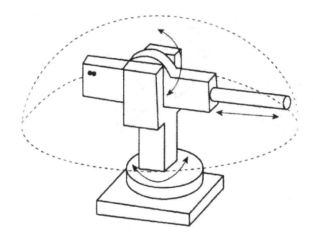

图11-7 球坐标机器人的工作空间示意图

4.关节坐标机器人

关节坐标机器人的关节全都是旋转的，类似于人的手臂，是工业机器人中最常见的结构。关节坐标机器人主要由立柱、大臂和小臂组成，如图11-8所示。这种机器人工作范围大、动作灵活、避障性好，但位置精度较低、有平衡问题、控制耦合比较复杂，目前应用越来越多。关节坐标机器人的工作范围较为复杂，如图11-9所示为SCROBOT训机器人的工作范围。

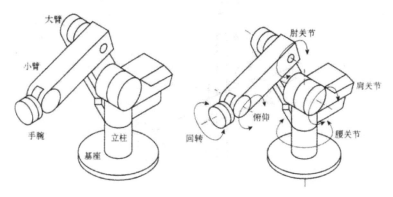

图11-8 关节坐标机器人示意图

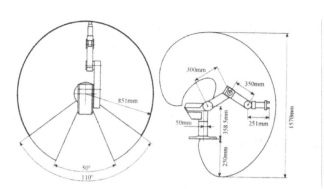

图 11-9 关节机器人的工作空间示意图

5.平面关节机器人

这种机器人可看成关节坐标机器人的特例，它只有平行的肩关节和肘关节，关节轴线共面。平面关节机器人的工作空间如图11-10所示。

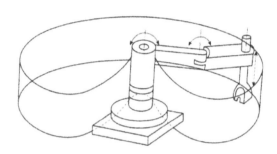

图 11-10 平面关节机器人的工作空间示意图

（二）按机器人的控制方式分类

1.非伺服控制机器人

非伺服控制机器人工作能力有限，机器人按照预先编好的程序顺序进行工作，使用限位开关、制动器、插销板和定序器来控制机器人的运动。

2.伺服控制机器人

伺服控制机器人比非伺服控制机器人有更强的工作能力。伺服系统的被控制量可为机器人手部执行装置的位置、速度、加速度和力等。

（三）按自动化功能层次分类

1.专用机器人

以固定程序在固定地点工作的机器人，其动作少，工作对象单一，结构简单，造价低，可在大量生产系统中工作。

2.通用机器人

具有独立的控制系统，动作灵活多样，通过改变控制程序能完成多种作业的机器人。

3.示教再现机器人

这是具有记忆功能、能完成复杂动作的机器人，它在由人示教操作后，能按示教的顺序、位置、条件与其他信息反复重现示教作业。

4.智能机器人

具有各种感觉功能和识别功能，能做出决策自动进行反馈纠正的机器人，它采用计算机控制，依赖于识别、学习、推理和适应环境等智能，决定其行动或作业。

（四）按机器人的机构形式分类

1.串联机器人

串联机器人是一种由装在固定机架上的开式运动链组成的机器人。所谓开式运动链是指一类不含回路的运动链，简称开链。如图 11-11（a）所示，由构件和运动副串联组成的开链称为单个开式链（Single Opened Chain，SOC），简称单开链。这类开式运动链机构，除应用于机器人、机械手外，还在其他领域如通用夹具、舰船雷达天线、导航陀螺仪等中得到应用。图 11-11（b）所示为树状开链。

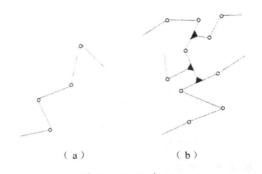

（a）　　　　　　（b）

图 11-11 开式链

（a）单开链；（b）树状开链

由开式运动链所组成的机构称为开式链机构，简称开链机构。通常串联式机器人由单开链所组成。图 11-12 所示为一台典型的串联机器人及其机构简图。

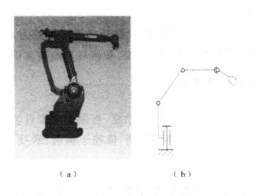

（a）　　　　　　（b）

图 11-12 串联机器人及其机构简图

（a）串联机器人；（b）串联机器人机构简图

2.并联机器人

　　并联机器人是一种应用并联机构的机器人。并联机构的典型形式如图11-13所示。并联机构广泛地应用于运动模拟器、并联机床和工业机器人等领域。由并联机构组成的并联机器人具有结构紧凑、刚度大、运动惯性小、承载能力大、精度高、工作范围广等的优点，能完成串联机器人难以完成的任务。图11-14为一台Adept Quattro四手臂并联机器人。

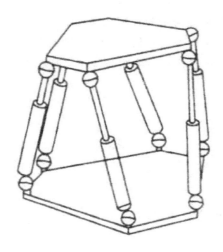

图 11-13 并联机构

图 11-14 Adept Quattro 四手臂式联机器人

第二节　工业机器人的结构

　　工业机器人的机械结构（运动）本体是工业机器人的基础部分，各运动部件的结构形式取决于它的使用场合和各种不同的作业要求。工业机器人的结构类型特征，用它的结构形式和自由度表示；工业机器人的空间活动范围用它的工作空间来表示。工业机器人的结构主要是指由末端执行器、手腕、手臂和机座组成的机器人的执行机构。

一、工业机器人的运动自由度

　　所谓机器人的运动自由度，是指确定一个机器人操作机位置时所需要的独立运动参数的数目，它是表示机器人动作灵活程度的参数。图 11-15 所示为由国家标准中规定的运动功能图形符号构成的工业机器人简图，其手腕具有回转角为但的一个独立运动，手臂具有回转运动 θ_1、俯仰运动 Φ 和伸缩运动 S 三个独立运动。这四个独立变化参数确定了手部中心位置与手部姿态，它们就是工业机器人的四个自由度。工业机器人的自由度数越多，其动作的灵活性和通用性就越好，但是其结构和控制就越复杂。

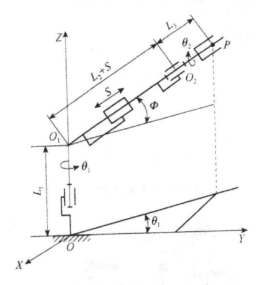

图 11-15 工业机器人简图

二、机器人的工作空间与坐标系

　　所谓工作空间，是指机器人正常运行时，手腕参考点或者机械接口坐标系原点（图 11-16 中的 O_3 点）能在空间活动的最大范围，是机器人的主要技术参数之一。工业机器人的坐标系按右手定则决定，如图 11-16 中的 X - Y - Z 为绝对坐标系，X_0 - Y_0 - Z_0 为机座坐标系，X_m - Y_m - Z_m 为机械接口（与末端执行器相连接的机械界面）坐标系。

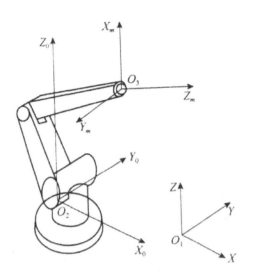

图 11-16　工业机器人的坐标系

三、工业机器人的手臂

工业机器人的手臂（Manipulator）是由一系列的动力关节（Joint）和连杆（Link）组成的，是支撑手腕和末端执行器的部件，用以改变末端执行器的空间位置。通常，一个关节连接两个连杆，即一个输入连杆和一个输出连杆，机器人的力或运动通过关节由输入连杆传递给输出连杆，关节用于控制输入连杆与输出连杆间的相对运动。

工业机器人手臂关节通常可分为五种类型，其中两种为平移关节，三种为转动关节。这五种类型分别如下。

1.L形关节（线性关节）：输入连杆与输出连杆的轴线平行，输入连杆与输出连杆间的相对运动为平行滑动，如图 11-17（a）所示。

2.O形关节（正交关节）：输入连杆与输出连杆间的相对运动也是平行滑动，但输入连杆与输出连杆在运动过程中保持相互垂直，如图 11-17（b）所示。

3.R形关节（转动关节）：输入连杆与输出连杆间作相对旋转运动，而旋转轴线垂直于输入和输出连杆，如图 11-17（c）所示。

4.T形关节（扭转关节）：输入连杆与输出连杆间作相对旋转运动，但旋转轴线平行于输入和输出连杆，如图 11-17（d）所示。

5.V形关节（回转关节）：输入连杆与输出连杆间做相对旋转运动，旋转轴线平行于输入连杆而垂直于输出连杆，如图 11-17（e）所示。

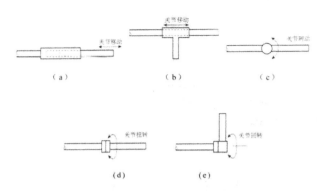

图 11-17 工业机器人的关节类型

（a）L形关节；（b）0形关节；（c）R形关节；（d）T形关节；（e）V形关节

由上述五种类型的工业机器人手臂关节进行不同的组合，可以形成多种不同的工业机器人结构配置，在实际应用中，为了简化，商业化的工业机器人通常仅采用下列五种结构配置之一，这五种配置正好是按坐标系划分的机器人分类。

1.极坐标结构：如图 11-18（a）所示，由 T 形关节、R 形关节和 L 形关节配置组成。

2.圆柱坐标结构：如图 11-18（b）所示，由 T 形关节、L 形关节和。形关节配置组成。

3.直角坐标结构：如图 11-18（c）所示，由一个 L 形关节和两个。形关节配置组成。

4.关节坐标结构：如图 11-18（d）所示，由一个 T 形关节和两个 R 形关节配置组成。

5.SCARA 结构：如图 11-18（e）所示，由 V 形关节、R 形关节和 O 形关节配置组成。

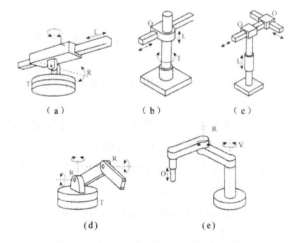

图 11-18 工业机器人的手臂结构配置

（a）极坐标结构；（b）圆柱坐标结构；（c）直角坐标结构；
（d）关节坐标结构；（e）SCARA 结构

四、工业机器人的手腕

工业机器人的手腕是连接手臂和末端执行器的部件，用以调整末端执行器的方位和姿态，通常由 2 个或 3 个自由度组成。图 11-19 给出了一个 3 个自由度机器人手腕的典型配置，组成这3个自由度的3个关节分别被定义如下。

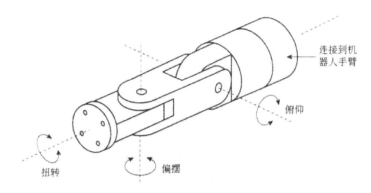

连接到机器人手臂

俯仰

扭转　　偏摆

图11-19 典型的工业机器人手腕

1.扭转（Roll）：应用一个T形关节来完成相对于机器人手臂轴的旋转运动。

2.俯仰（Pitch）：应用一个R形关节来完成上下旋转摆动。

3.偏摆（Yaw）：应用一个R形关节来完成左右旋转摆动。

值得注意的是，SCARA机器人是图11-18所示的五种机器人配置中唯一不需要安装手腕的机器人，而其他四种机器人的手腕几乎总是由R形和T形关节配置组成的。

为了完整表示工业机器人的手臂及手腕结构，有时采用"手臂关节：手腕关节"的符号化形式来对其进行表示，如"TLR：TR"就表示了一个具有5个自由度机器人的手臂手腕结构，其中TLR代表手臂是由一个扭转关节（T）、一个线性关节（L）和一个转动关节（R）组成的，TR代表手腕是由一个扭转关节（T）和一个转动关节（R）组成的。

五、末端操纵器

末端操纵器是连接在机器人手腕上的用于机器人执行特定工作的装置，又称手部。由于工业机器人所能完成的工作非常广泛，末端操纵器很难做到标准化，因此在实际应用当中，末端操纵器一般都是根据其实际要完成的工作进行定制。常见的末端操纵器有抓取器和工具两种。

（一）抓取器

顾名思义，抓取器是工业机器人在工作循环中用来抓取工件或物体，将其从一个位置移动到另一个位置的工作装置。

1.夹持式抓取器

夹持式抓取器通常由2个或更多的手指组成，通过机器人控制器控制手指的开合来抓取工件或物体。机械手根据夹持方式，分为内撑式和外夹式两种，如图11-20所示。根据手指的运动方式，分为移动式和回转式两种，如图11-21所不。根据手指的多少，分为二手指和多手指两种，图11-22所示为一个多手指的机器人灵巧手。

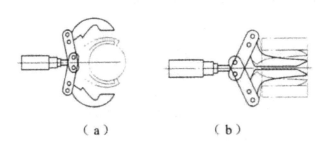

图 11-20 手指夹持式机械手

（a）外夹式；（b）内撑式

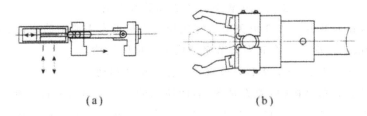

图 11-21 手指运动式机械手

（a）移动式；（b）回转式

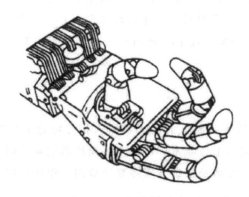

图 11-22 多手指的机器人灵巧手

2.吸附式抓取器

吸附式抓取器有气吸式和磁吸式两种。气吸式抓取器是通过抽空与物体接触平面密封型腔的空气而产生的负压真空吸力来抓取和搬运物体的。磁吸式抓取器是通过通电产生的电磁场吸力来抓取和搬运磁性物体的。

（1）气吸式抓取器由吸盘、吸盘架和气路组成，用于吸附平整光滑、不漏气的各种板材和薄壁零件。吸盘内腔负压产生的方法

主要有挤压排气式、真空泵排气式和气流负压式。挤压排气式如图 11-23（a）所示，是靠外力将皮碗压向被吸物体表面，吸盘内腔空

气被挤出去，形成吸盘内腔负压，从而吸住物体。这种方式所形成的吸力不大，而且也不可靠。真空泵排气式如图 11-23（b）所示，是靠真空泵将吸盘内空气抽出，

形成吸盘内腔负压，从而吸住物体。气流负压式如图11-23（c）所示，是气泵的压缩空气通过喷嘴形成高压射流，吸盘内的高压空气被带走，在吸盘内腔形成负压，吸盘吸住物体。

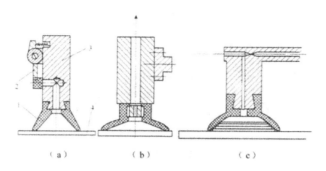

图 11-23 气吸式吸盘内腔产生负压的方法

（a）挤压排气式；（b）真空泵排气式；（c）气流负压式

1—吸盘；2—压盖；3—吸盘架；4—工件

（2）磁吸式抓取器是用接通或切断电磁铁电流的方法来吸、放具有磁性的工件。磁吸式抓取器采用的电磁铁有交流电磁铁和直流电磁铁两种。交流电磁铁吸力波动，有噪声和涡流损耗。直流电磁铁吸力稳定，无噪声和涡流损耗。电磁吸盘的典型结构如图11-24所示。

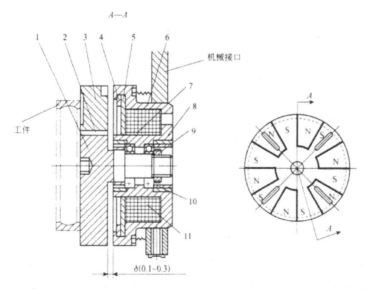

图 11-24 电磁吸盘的结构

1—铁心；2—隔磁环；3—吸盘；4—卡环；5—盖；

6—壳体；7、8—挡圈；9—螺母；10—轴承；11—线圈

（二）工具

工业机器人使用工具主要完成一些加工和装配工作，包括点焊枪、弧焊枪、喷涂枪以及用于钻削、磨削的主轴和类似操作的工具，水流喷射切割等特种加工的工具，

自动螺丝刀等。图11-25所示为可安装于电磁吸盘式机器人手腕上的各种专用工具，包括拧螺母工具、电磨头、电铣头、抛光头、激光切割机、喷嘴等。

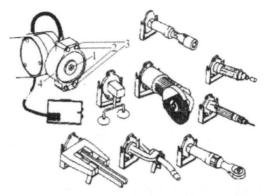

图11-25 电磁吸盘式换接器及各种专用工具

1—气路接口；2—定位销；3—电接头；4—电磁吸盘

第三节　工业机器人的驱动系统

一、工业机器人对驱动系统的要求

工业机器人对驱动系统的要求主要包括以下方面。

1.驱动系统的结构简单、重量轻，单位重量的输出功率高，效率高。

2.响应速度快，动作平滑，不产生冲击。

3.控制灵活，位移和速度偏差小。

4.安全可靠，操作和维护方便。

5.绿色、环保，对环境负面影响小。

二、工业机器人的驱动方式

（一）机械式驱动方式

机械式驱动系统有可靠性高、运行稳定、成本低等优点，但也存在重量大、动作平滑性差和噪声大等缺点。图11-26所示是一种两自由度机械驱动手腕，电动机安装在大臂上，经谐波减速器用两个链传动将运动传递给手腕轴10上的链轮4、5。链条6将运动经链轮4、轴10、锥齿轮9和11带动轴14作旋转运动，实现手腕的回转运动（θ_1）；链条7将运动经链轮5直接带动手腕壳体8作旋转运动，实现手腕的上下仰俯摆动（6）。当链条6静止不动，链条7单独带动链轮5转动时，由于轴10不动，转动的手腕壳体8将迫使锥齿轮11作行星运动，即锥齿轮11随手腕壳体8作公转（β），同时绕轴14作自转运动（θ_2）。则$\theta_2=u\beta$，其中u为齿轮9、11的传动比。因此当链条6、7同时驱动时，手腕的回转运动是$\theta=\theta_1\pm\theta_2$，链轮4的转向与链轮5转向相同时为"-"，相反时为"+"。

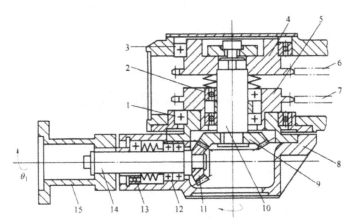

图 11-26 两自由度机械驱动手腕

1、2、3、12、13—轴承；4、5—链轮；6、7—链条；8—手腕壳体

9、11—锥齿轮；10、14—轴；15—机械接口法兰盘

（二）液压驱动方式

液压驱动是以液压油作为工作介质、以采用线性活塞或旋转的叶片泵作为驱动器的驱动方式。

液压传动的机器人具有很大的抓取能力，可高达上百千克，油压可达 7 MPa。图 11-27 所示是一种液压驱动的双臂机器人，手臂的上下摆动由俊接液压油缸和连杆机构来实现。

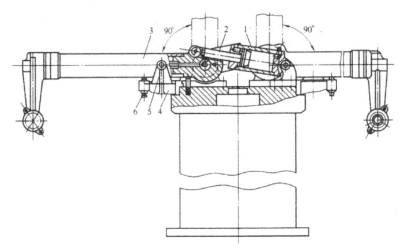

图 11-27 液压驱动的双臂机器人

1—铰接活塞液压缸；2—连杆（活塞杆）；3—手臂（曲柄）；

4—支承架；5、6—定位螺钉

（三）气动驱动方式

气压式驱动系统的基本原理与液压式相同，但传递介质是气体。气压驱动的机器人结构简单、动作迅速、价格低廉，但由于空气具有可压缩性，导致工作稳定性差；气源压力一般为 0.7 MPa，因此抓取力小，只有几千克到几十千克。

第四节　工业机器人的控制技术

工业机器人的控制系统是工业机器人的指挥系统，它控制驱动系统使执行机构按照要求工作，因此，控制系统的性能直接影响机器人的整体性能。

工业机器人控制系统的构成形式取决于机器人所要执行的任务及描述任务的层次。控制系统的功能是根据描述的任务代替人完成这些任务，通常需要具有如图 11-28 所示的控制机能。

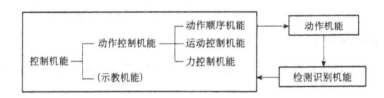

图 11-28 工业机器人的控制机能

工业机器人是一个多自由度的、本质上非线性的、同时又是耦合的动力学系统。由于其动力学性能的复杂性，实际控制系统中往往要根据机器人所要完成的作业做出若干假设并简化控制系统。其控制实际上包含"人机接口""命令理解""任务规划""动作规划""轨迹规划生成"和"伺服控制""电流/电压控制"等多个层次，如图 11-29 所示。

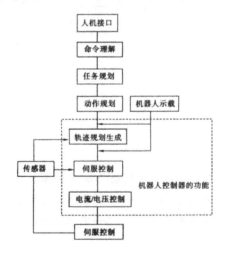

图 11-29 机器人控制过程图

一、工业机器人的位置伺服控制

位置控制主要是控制末端操纵器的运动轨迹及其位置，即控制末端操纵器的运动，而末端操纵器的运动又是机器人手臂各个关节运动的合成来实现的，因此必须考虑末端操纵器的位置、姿态与各关节位移之间的关系。

机器人的位置伺服控制，基本上可以分为关节伺服控制和坐标伺服控制两种。

（一）关节伺服控制

关节伺服控制主要应用于非直角坐标机器人如关节机器人，图11-30展示了关节机器人一个运动轴的控制回路框图，机器人每个关节都具有相似的控制回路，每个关节可以独立构成伺服系统，这种关节伺服系统把每一个关节作为单纯的单输入单输出系统来处理，结构简单。但严格来说，每个关节并不是单输入单输出的系统，惯性和速度在关节间存在着动态耦合。

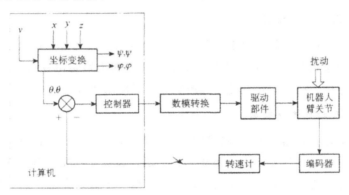

图11-30 关节机器人控制回路框图

（二）坐标伺服控制

将末端位置矢量作为指令目标值所构成的伺服控制系统，成为作业坐标伺服系统。这种伺服控制系统是将机器人手臂末端位置姿态矢量固定于空间内某一个作业坐标系（通常是直角坐标系）来描述的。

二、工业机器人的力控制

在进行装配或抓取物体等作业时，工业机器人的末端操纵器与环境或作业对象的表面接触，除了要求准确定位之外，还要求使用适当的力或力矩进行工作，这时就要采取力（力矩）控制方式。力（力矩）控制是对位置控制的补充，这种控制方式的控制原理与位置伺服控制原理基本相同，只不过输入量和反馈量不是位置信号，而是力（力矩）信号，因此，系统中需要有力传感器。

三、工业机器人的速度控制

对工业机器人的运动控制来说，在位置控制的同时，还要进行速度控制。为了实现这一要求，机器人的行程要遵循一定的速度变化曲线，如图 11-32 所示。由于工业机器人是一种工作负载多变、惯性负载大的运动机械，要处理好快速与平稳的矛盾，必须控制启动加速和停止前减速这两个过渡运动区段。

四、工业机器人的先进控制技术

机器人先进控制技术目前应用较多的有自适应控制、模糊控制、神经网络控制等。

（一）机器人示教再现控制

机器人的示教再现控制是指控制系统可以通过示教操纵盒或"手把手"地将动作顺序、运动速度、位置等信息用一定的方法预先教给机器人，由机器人的记忆装置将这些信息自动记录在随机存取存储器（RAM）、磁盘等存储器中，当需要再现时，重放存储器中的信息内容。如需改变作业内容，只需重新示教一次即可。

（二）机器人的运动控制

机器人的运动控制是指在机器人的末端执行器从一点到另一点的过程中，对其位置、速度和加速度的控制。由于机器人末端执行器的位置是由各关节的运动产生的，因此，对其进行运动控制实际上是通过控制关节运动来实现的。

（三）机器人的自适应控制

自适应控制是指机器人依据周围环境所获得的信息来修正对自身的控制，这种控制器配有触觉、听觉、视觉、力、距离等传感器，能够在不完全确定或局部变化的环境中，保持与环境的自动适应，并以各种搜索与自动导引方式执行不同的循环作业。

参考文献

[1] 谢成祥，张燕红，高敏.自动控制原理［M］.南京：东南大学出版社，2018.12.

[2] 李金热，韩硕，冯莉.电机与电气控制技术［M］.西安：西北工业大学出版社，2018.02.

[3] 刘小保.电气工程与电力系统自动控制［M］.延吉：延边大学出版社，2018.06.

[4] 周亚军，张卫，岳伟挺.电气控制与PLC原理及应用第2版［M］.西安：西安电子科技大学出版社，2018.09.

[5] 王浔.机电设备电气控制技术［M］.北京：北京理工大学出版社，2018.08.

[6] 沈姝君，孟伟.机电设备电气自动化控制系统分析［M］.杭州：浙江大学出版社，2018.08.

[7] 李新卫，王益军.电气控制与PLC项目式教程［M］.北京：北京理工大学出版社，2018.01.

[8] 战崇玉，杨红霞.自动化生产线安装与调试［M］.武汉：华中科技大学出版社，2018.12.

[9] 刘建华，张静之.电气运行与控制专业骨干教师培训教程［M］.北京：知识产权出版社，2018.09.

[10] 孙书蕾，李红，倪元相.控制工程基础［M］.西安：西北工业大学出版社，2018.06.

[11] 李晓宁，许丽川，阎娜.电工电气技术实训指导书［M］.北京：北京航空航天大学出版社，2018.03.

[12] 许明清.电气工程及其自动化实验教程［M］.北京：北京理工大学出版社，2019.10.

[13] 诸葛英，梁艳玲，刘瑞丰.电气控制与PLC一体化工作页［M］.北京：北京邮电大学出版社，2019.01.

[14] 吴何畏.电气控制与PLC技术［M］.成都：西南交通大学出版社，2019.04.

[15] 许传才，杨双平.铁合金机械设备和电气设备［M］.北京：冶金工业出版社，2019.01.

[16] 王永华.现代电气控制及 PLC 应用技术第 5 版［M］.北京：北京航空航天大学出版社，2019.01.

[17] 马栎，杨光露，张军.电气控制与 PLC 应用［M］.成都：电子科技大学出版社，2019.12.

[18] 郁汉琪.电气控制与可编程序控制器应用技术［M］.南京：东南大学出版社，2019.09.

[19] 唐瑶，杨艳，高强.电气控制与 PLC 应用技术［M］.北京：煤炭工业出版社，2019.

[20] 单侠芹.自动化生产线安装与调试［M］.北京：北京理工大学出版社，2019.01.

[21] 陈白宁，关丽荣.机电控制实训教程［M］.北京：北京理工大学出版社，2019.07.

[22] 杨秀萍.控制工程基础［M］.北京：机械工业出版社，2019.12.

[23] 黄勤陆，王梅，刘伟.电气控制与 PLC 技术［M］.武汉：华中科技大学出版社，2017.02.

[24] 左湘.工业自动化控制系列教材 PLC 技术基础与应用［M］.广州：华南理工大学出版社，2017.05.

[25] 刘振全.自动控制原理［M］.西安：西安电子科技大学出版社，2017.02.

[26] 段峻.电气控制与 PLC 应用技术项目化教程［M］.西安：西安电子科技大学出版社，2017.08.

[27] 李坤，刘辉.电机与电气控制技术［M］.北京：北京理工大学出版社，2017.11.

[28] 孙远敬，郭辰光，魏家鹏.机械制造装备设计［M］.北京：北京理工大学出版社，2017.01.

[29] 肖支才，王朕，聂新华.自动测试技术［M］.北京：北京航空航天大学出版社，2017.08.

[30] 封士彩，王长全，王建平.机电一体化导论［M］.西安：西安电子科技大学出版社，2017.12.

[31] 徐本连，施健，蒋冬梅.智能控制及其 LABVIEW 应用［M］.西安：西安电子科技大学出版社，2017.12.

[32] 芮延年，陈长琦，钟博文.机电一体化系统设计［M］.苏州：苏州大学出版社，2017.02.

[33] 陈建明，白磊.电气控制与 PLC 原理及应用［M］.北京：机械工业出版社，2020.09.

[34] 王晓瑜.电气控制与 PLC 应用技术［M］.西安：西北工业大学出版社，